成事法则

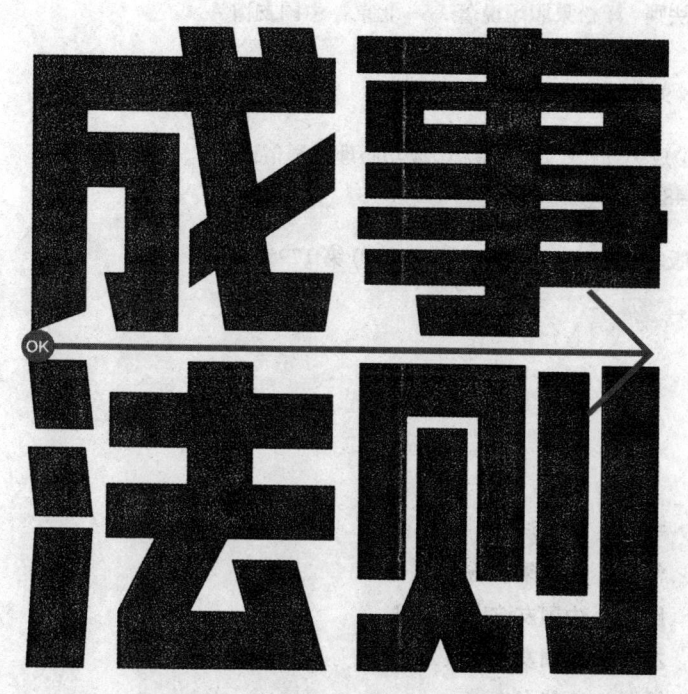

THE LAW OF SUCCESS

洋松果职场说 ◎ 著

中国友谊出版公司

图书在版编目（CIP）数据

成事法则 / 洋松果职场说著. —— 北京：中国友谊出版公司，2020.11
　ISBN 978-7-5057-4994-8

　Ⅰ.①成… Ⅱ.①洋… Ⅲ.①成功心理－通俗读物 Ⅳ.① B848.4-46

中国版本图书馆 CIP 数据核字 (2020) 第 179534 号

书名	成事法则
作者	洋松果职场说
出版	中国友谊出版公司
发行	中国友谊出版公司
经销	新华书店
印刷	天津旭丰源印刷有限公司
规格	880×1230 毫米　32 开
	8 印张　163 千字
版次	2020 年 11 月第 1 版
印次	2020 年 11 月第 1 次印刷
书号	ISBN 978-7-5057-4994-8
定价	48.00 元
地址	北京市朝阳区西坝河南里 17 号楼
邮编	100028
电话	（010）64678009

前　言

　　我是老松，一个通过个人成长不断改变自己的普通人。我想把自己 7 年的成长经历、自我管理的经验和学习思考所得，分享给希望改变自己，又不知该从何处下手的朋友。

　　我一直以来有一个观点：每个人都可以通过学习和成长，变成更有价值的人。个人成长这条路走起来很辛苦，我曾经获得很多人的帮助，也因此希望可以利用自己的微薄之力，把这份能量传递下去，帮助更多渴望认识并提升自己的朋友。

　　本书讲述了北漂小松到老松，作为一个普通人的成长和蜕变之路。希望大家都可以从树苗成长为一棵大树，从简单到复杂，拥有一片森林的力量。

寻找失败原因：以年度计划为例

　　像很多人一样，我从大学时期开始做年度计划，但不论当初的信念多么强烈，目标多么清晰，到年底的时候，大部分计划都只是停留在刚开始的阶段。

　　我曾以为是自己天分不足或者没有掌握正确的方法。毕业之后，通过 7 年的摸索，做了很多的尝试，才慢慢地真正学会如何通过个人成长，更加高效地实现自己的目标，并改善自己的生活。

很多人在年度计划中制订的目标，之所以不能顺利达成，并非年度计划做得不够好，不够清晰，不够落地，不符合这样或那样的原则。

如果从我们当年的计划、从我们对未来的规划中，拿出一件单独的任务，很多人都能够出色地完成。但是，在一年的时间和有限的空间中执行属于不同目标的多个任务，并想要一起去实现的时候，完成的难度实际上是呈指数级增加的，这也导致很多人做着做着就放弃了。

其中一部分原因，是我们随着年纪和阅历的增长，个体一方面随着成长不断变得更加独特，一方面也在不断对独特进行整合以适应成年人社会的生存法则，这样的转变是自我逐渐复杂的过程。

这个过程，就像青春期人格成长的阶段，会有很多的冲突和不协调，如果自我不能建立秩序，使独特和社会融洽相处，便会出现一定程度的失序。一方面我们希望跟随自己的内心，去活出不一样的人生；一方面又受制于社会群体角色的压力，不断做出妥协。这种冲突带来的失序，也是逐渐复杂过程中需要解决的问题。

从独立的个性到复杂的自我，需要走过漫长的自我成长之路。如果在我们能够实现简单的目标之前，想同时推进实现多个复杂的目标，这就需要足够成熟的心智、良好的习惯、正确的认知和有路径可循的方法。对于我们大部分没有足够资源和能力的人来说，还是比较困难的一件事。

自我成长：两个重要的前置因素

在7年的个人成长之路中，我有两个很重要的前置影响因素。我们可以问一问自己：一是能否围绕明确的目标坚持行动，并能够在行动过程中获得持续反馈；二是能否让自己对要做的事保持专注且全情投入。虽然这两个问题有些枯燥，但最朴素的方法往往是让我们排除干扰、持续行动的基础。

对于这两个因素，可以举个例子：

如果我们作为业余选手要参加人生第一场马拉松比赛，目标是顺利完赛。除去需要经常跑一个5公里的跑步积累，我们最好提前半年开始进行规律训练：制订每个月的跑步训练计划，包括一周3~4次5公里以上的慢跑；周末进行15公里以上LSD（长距离慢跑）训练；比赛前两个月需要2~3次30公里LSD训练；平时的间歇跑和最不容忽视的跑前跑后的拉伸训练。

保持专注并投入每一次训练的时候，我们都可以得到即时的反馈：跑步时的身体状态如何，肌肉酸痛有没有得到缓解，我们的跑姿有没有让身体受伤的风险降低，这个月的跑步能力和上个月相比有没有更稳更持久，等等。

跑前的2~3次30公里LSD训练，可以让自己提前适应实际比赛的里程和节奏。当顺利完赛后，拖着疲惫的双腿，会有一种不可置信感和强烈的满足感，同时自己对自我和跑步的认识也会发生很大的变化。

从5公里到42公里，让人逐渐加深对长跑的理解，也让人越发喜欢上这项可以不断认识自己的运动。这是在完成一个目标时，一个自我成长的过程,也是一次很好地从简单到复杂的成功体验。

先实现一个重要的小目标

就像长跑这项运动带给我们的变化一样,自我从简单到复杂不断成长的过程中,两个前置因素起到了很大的作用。对于希望通过年度计划改变自己的人来说,有一个方法可以验证一下自己是否做好了准备:从一个简单的习惯做起,先实现一个重要的小目标。

对于参加马拉松的人来说,实现一个重要的小目标就是认真按照训练计划努力训练。

实现重要的小目标,可以帮助我们建立自信、提升自我的掌控力,从而能够专注且高效地工作和生活。成长不是一蹴而就的,而是在时间的磨砺下,在不断地行动、反馈、调整,以及持续专注地投入之后不断获得的。

我们实现重要小目标的过程,是在不断认识自我,不断锤炼自己能够专注投入并从中体验到乐趣的能力的过程,也是让自己的认知、方法、工具能够适应从简单到复杂的成长过程。

我在 7 年前给自己定的第一个小目标,就是能够坚持晨起:每天在 6 点 30 分起床。

之所以选择定下这个目标,是当时经过很多权衡之后的考虑。一方面工作压力大,长期的加班和伏案工作,身体和精神状态很差,睡眠也出现了严重的问题;另一方面,学习时间的不固定和学习效率低下,导致长时间都没有很明显的成长。

两方面的问题迫使我需要改善睡眠，同时有固定的时间可以投入到学习中。晨起是一个很有效的方法：倒逼自己调整作息并能保证在早上有充足的不被打扰的时间。

从这一个重要的小目标，我开始了 7 年的个人成长之路。整个过程是从简单到复杂的，帮助我解决了多个年度目标不能同时推进的问题。工作能力的提升带来了更好的物质和经济基础，生活也发生了很大的改变。

和大部分渴望改变自己的人一样，我在成长过程中投入了大量的时间和精力，才最终找到了适合自己的成长之路。

我的下一个 7 年

7 年前我给自己定下当时看起来遥不可及的梦想清单，现在大部分已经完成：

1. 积累跑量 2000 公里，并参加一次半程马拉松。
2. 找到适合自己的工作岗位，拿到 30 万年薪。
3. 出国旅游一次，拓展自己的见识。
4. 用斜杠收入备齐电子装备库：全幅单反、2~3 个镜头、MacBook Pro 笔记本电脑。
5. 每年看一次日出日落。

……

还有一些，比如在喜欢的城市定居、跑够 5000 公里、每年参加全马、写一本书……

今年年初我在《写给7年后自己的一封信》里，写下了自己的第二个7年计划，其中有一段关于生活状态的描述，每次看起来都让自己充满能量：

结束北漂，在成都有了房子车子和幸福的生活，有爱的人，一个孩子一只猫。

走遍了川藏的风景线，与大自然有了更加紧密的接触，拥有了更加真实且自由的心态。

定期去山里看日出日落，去跑步，去拍照，和志同道合的朋友一起交流。

每年带家人出去旅行两次，让老人和孩子去感受不同地域的风土人情，品味当地特色的美食。

这是很具象的生活，背后的精神和物质基础需要更多的积累和产出，也需要自己在多个领域都可以更好地掌控自己。

现在围绕工作和生活有更多有意义的目标，等待我去完成。因此我想把自己的成长经历分享出来，帮助那些想要改变自己并有缘分看到这些文字的人。

鲍勃·迪伦在《时光慢慢流逝》中写道：白日的时光静寂缓慢，我们注视着前方，努力不使之偏向，就像夏日的红玫瑰逐日盛开。

也愿各位，可以从一棵树成长为一片森林，静待夏日玫瑰逐日盛开。

洋松果职场说
2020年于北京晨间

目 录
CONTENTS

第一章 习惯养成：从一个重要的小目标开始

修正认知：正确认识"成长与进化" / 003

重要的小目标：建立自己的小目标 / 011

习惯养成：简单的事情重复做 / 018

晨起的魅力：改变一生的习惯 / 026

晨间日记：一天"36 小时" / 033

清单习惯：建立 15 个好习惯 / 042

知识管理：搭建知识体系，建立职场护城河 / 052

学会学习：内外兼修，是高效学习必经之路 / 061

第二章　坚持自律：与时间做朋友

重新正视自律：从自律到习惯，开启新的一年 / 071

跟随"红绿灯"：处理复杂目标和习惯 / 080

学会断舍离：与自己和解，坚持做减法 / 088

"傻不认输"地向前冲：找到确定性 / 097

学会反省：不要重复"行动式"生活 / 103

时间管理：进入无压工作状态 / 111

时间管理之前，在时间管理之外 / 120

第三章　持续精进：从简单到复杂

年度计划：瞄准靶心，指哪打哪 / 129

月度计划：每月2小时，更好地掌控工作和生活 / 136

周计划与回顾：拓展宽度，兼顾行动和目标 / 144

系统思维：解放大脑，做事靠系统 / 150

认知修正：避免在小事上纠结，而对要事一无所知 / 157

行动管理：做好这5步，脱离低效率怪圈 / 165

情绪管理：突破升职加薪的最后障碍 / 172

第四章 职场笔记：做正确的事和把事情做正确

就业选择：毕业生不要只考虑眼前 / 183

离职选择：这几个底层思维，决定你能走多远 / 192

职场认知：别让职场"伪焦虑"害了你 / 200

做正确的事：刚入职就离职，未必是坏事 / 209

把事做正确：成人的世界里，没有"容易"二字 / 216

职场陷阱：会工作的聪明人，都不会用力过猛 / 224

职场人设：学会避开玻璃心、演弱势、情绪失控 / 232

高效工作：告别无头苍蝇的状态，让效率翻倍 / 239

第一章
习惯养成：
从一个重要的小目标开始

小松的探索之路：从最初的一个想法开始

小松在小时候，最喜欢的一件事是晚上坐在院子里看星星。那时候，以为不论去哪里，星星都会一路跟随，仿佛一踮脚就能触到。但不论小松是踮起脚还是站到房顶上，甚至爬到树杈上，手指和星星之间还是有距离，就像溪水中的鱼，很轻易地就能从指缝间溜走，让小松苦恼不已。

很多个夜晚小松都在想：如果爬到更高的地方，也许就能触到天上的星星。看得久了，闭上眼，星星像刻在脑子里，把小松包围起来。每一颗星星，像一个个微不足道的梦想，一直陪着小松，从农村到县城，毕业之后到北京，不断激励着他去看更多的风景。

想看到外界以及内心更多的风景，需要不断努力。小松的探索之路，就这样开始了。

修正认知：正确认识"成长与进化"

成长与进化，是我们必须要走的路

老松北漂多年，和形形色色的人打过交道。有资产众多依旧拼尽全力的北京人，有30多岁拿着几千工资的老北漂，有海外归来意气风发的精英，有初入社会充满憧憬和渴望的毕业生，有从老家来北京打拼的劳务工人，也有很多北漂几年之后选择离开的朋友。

老松在7年前还是小松的时候，发现他们每个人身上，都有着一种独属于这座城市的特质，也在他们身上看到未来自己的影子。那时的小松刚来北京，脑子里充满了疑惑，也经常向身边的朋友问问题。生而为人，为什么会有这么大的不同？这是小松刚毕业在一次闲聊时，向当时合租的室友杨小姐问的第一个问题。之所以向杨小姐请教，是因为小松很佩服这个不仅有心理学硕士学位，而且在公司的影响力比小松要大很多的合租室友。当时她一口气举了好几个例子：

- 家庭背景和个人起点千差万别，拼搏了好多年，才刚刚赶上别人出发的脚步。
- 快速奔跑的社会环境里，努力的人越努力越幸运，不拼命的人很快就会被淘汰。
- 有的人站到了风口上，赶上了好运气，抓住一个机会，从此一跃千里。

……

在她眼里，这些例子看起来有一些道理，但又不那么准确。杨小姐说，当时能够吸引小松的"底层逆袭""衣锦还乡"的故事，只占了人群中极少的一部分。大部分人或者一直在寻求突破和成功的路上，或者不断追赶，或者不断掉队，或者跃迁到更高的层次，或者就此离开这座城市。

这次交谈之后，小松才从这些真实的例子中，在这个节奏越来越快、不稳定性越来越强的社会中，慢慢得到一些启发：

- 每个优秀的人身上，都有值得我们虚心学习的地方，但过多地和别人进行比较，无法给我们带来任何好转。
- 我们可以和过去的自己做比较。不过成就不取决于一个人的起点，而是取决于我们是否能投入时间和精力，不断突破过去的自我。

也正是从这次交谈开始，小松更加清晰地意识到：无论起点高低，如果想要实现更多曾在脑海中闪现的高光时刻，过更精彩的生活，就需要像生物书中讲述的那样，坚持进化。这也是刚来这座城市不久的小松，必须要走的路。

影响一个人成就的因素是什么，哪些思维能帮助我们？

趁热打铁，当时的小松向杨小姐提出了第二个问题：哪些思维可以帮助我更好地成长？

心理学出身的杨小姐就这个问题如数家珍地和小松聊了起来，她说心理学家在研究人的性格影响因素时，提出了影响力最大的三种因素。

第一种因素是生物的本能和天性，这和遗传有关，我们的性格在很大程度上受到基因的影响。第二种因素是所处的社会环境，我们的家庭环境、我们在社会中接受的教育、所处的文化环境等等，都会影响性格。第三种因素就是我们的梦想、目标和信念。

第一种因素在我们出生时就被赋予，第二种因素在我们整个成长阶段，尤其是在成年之前，对一生的高度和成就有很大的影响力。成年之后，我们的价值观、性格特征、思维和认知，在一定程度上已经形成了基础的框架。第三种因素，也正是我们在成年之后，根据我们的目标和追求，可以持续改善性格提升成就的力量。只是第三种因素往往需要我们付出更多的努力，不断地走出舒适区（职场人心理状态有三个区域，见图1），去坚持成长和进化，才能获得。

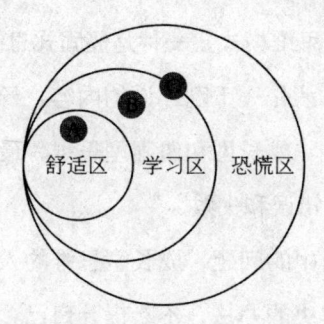

图1 职场人心理状态的三个区域

讲到这里，杨小姐认识到自己说的专业词汇有点多，就停下来举了一个例子：

她在公司有两个在背景和性格上比较相似的朋友，两人的家庭环境、学历和刚进入公司的工作状态都差不多。一年多过去了，其中一个朋友在工作中表现出的学习能力、沟通能力和逻辑能力，比另一个人甚至比其他学历和基础都不错的校招生，都要出色很多。

杨小姐平时和这个朋友聊天的时候得知：之所以他表现得比别人出色，是因为他在背后默默付出的努力要比别人多出很多倍。

小松听得很受鼓励，不过还没有得到想要的答案，只好先按耐住兴奋耐心地听下去。

杨小姐说那两个朋友，他们的背景类似，但各自成长的高度和方向完全不同，这很大程度上是第三种因素的影响。简单地从思维层面来说，一个人拥有的是成长型思维，另一个人拥有的是固化型思维。

为了解释不同的人获得不同成就的影响因素，斯坦福大学的德韦克教授提出了思维模式理论，即人们存在着两种截然不同的思维模式：一种是成长式思维模式，一种是僵固式思维模式。

似乎是要等小松消化一下刚才说的内容，杨小姐顿了顿，看了一眼小松，继续说："成长型和僵固型思维，最大的区别在于能否用成长的角度来看待错误和失败。"

对于工作和生活中的问题，成长型思维的人会不断分析困难和问题，并主动思考解决的办法，不断提升自己，直至拥有能够解决问题的能力。而非拿目前的能力来看待未能解决的问题，从退缩到放弃。

听到成长式思维有些触动的小松，适时地接过了话茬：

最近我刚回了老家，和几个发小聊天的时候，发现很多没上大学的高中同学都是几年换了好几份工作，每份工作之间的关联不大，每次都是重新开始，他们也不满意每次的工资和待遇，越不满意就越迅速地换工作，陷入了一个死循环。老家的人情世故复杂，难以抵抗社会和文化氛围的影响，从社会环境和工作机会来说，也就更难以向自己提出成长型思维的要求。

杨小姐点点头，讲起了她领导和她讲过的一段话：

在成长到一定高度的时候，我们很容易陷入一个误区：去对比他人，拿别人的成功、高度、地位来和自己对比，这很容易打击到自己的自信和动力，甚至在挣扎了一段时间之后，选择放弃努力。

因为你所处的位置越高，就越能看到那些处在你可能耗尽一生也难以达到的高度上的人。那些家境优渥、天资聪颖，毫不费力就能取得我们难以企及的成就的人，我们可以学习、借鉴他们的优点，但单纯的对比除了让我们变得更卑微之外，毫无意义。

有些人被打击到之后，转而和比自己平庸的人对比，这又是另外一个误区。

最合适的做法是以自我为参照，看看自己曾经的不足，去积累更多的经验和智慧，向前追逐自己的梦想，不断地朝着目标，坚持行动，更加高效地学习和成长。

简单来说：我们这一生，需要不断超越的，只有自己。抱着这样的态度来工作和生活的人，哪怕一时甚至一世都没有大富大贵，但仍旧可以活得富足快乐一些。

小松听了这一大段话，过于庞大的信息量撑得他的脑袋有点涨，便站起身来在客厅里走了几圈。

杨小姐看着小松走来走去，有点头痛又有点迷茫的样子，感觉有点好笑。不过她遇到现在领导之前，也和小松一样，有着同样的困惑。

为何要通过不断的学习，保持成长与进化

回到房间的小松一直睡不着，因为他还有个问题没想明白：

仅仅是看到问题，每个人都很容易看到自己的不足，但难的是让自己心智成熟，从而清楚地认识到自己的问题，以及能够为之付出行动和努力。

他想起最近看的大前研一的《M型社会》一书，里面提到：现在的社会环境，M型社会的格局越来越明显，如果不能往上走，就只能不断地被挤压到更低的位置。也就是说，原本人数最多的中产，除了小部分人能够继续往上，跻身富人阶层，其他大部分人都将再次返贫，沦为穷人。

曾经最稳固的中间层越来越不稳定，"寒门再难出贵子"可能也并非一个恶意的说辞。脱离了单纯靠学历能够带来高起点的现实，在目前更依赖资源和综合能力的社会环境下，出人头地确实会越来

越难。不断进化以适应现在的社会环境和发展节奏,这在小松心中变成了越来越坚定的一件事。

以前在学校自学营销的时候,因为非专业出身,有很多的基础知识和概念并不了解,也没有什么案例的积累。小松就要求自己每天深度阅读一篇文章,逐字逐句地剖析文章的要点,把心得记录下来,日积月累,用了几个月时间,建立了自己的底层思维和逻辑。之后的学习,就针对知识框架,进行深度的主题阅读和学习。

在学习和成长的过程中,不断积累了微小的成功体验,让小松相信:我可以解决原本认为不可能解决的问题,也完全有能力改变现状。这是当时几个月埋头苦学之后,小松得到的一个很重要的感悟,虽然现在看起来有点"鸡汤"。

小松和导师老胡在毕业前沟通的时候,老胡说,当他在某一个点,建立起来正确的学习习惯和方法,就可以慢慢发展到其他知识和技能领域;当能够把几个领域串联起来,互相补充和借鉴的时候,又会发现完全不一样的图景:事物之间的更加深层次的规律和模式。

现在想起来老胡的话,依旧觉得信息量很大,需要慢慢揣摩。

小松所在的互联网公司,有越来越多的"90后""95后"领着"80后"干活。并非"80后"的能力不足,而是在某些业务背景下,"90后"可以更加快速地跟上发展的脚步。现在公司的氛围也一直在强调:看待一个人的能力如何,更重要的是看学习能力。

能否在这个充满不确定的商业环境中,快速学习并把握最前沿的机会,也就意味着能否更快地走上快车道,以最小成本撬动高杠杆。

想清楚了这些,小松内心仿佛有了更多的能量,他也庆幸自己还年轻,有足够多的时间去增长见识。

无论你有没有意识到,成长与进化,都是自己必须要走的路。

重要的小目标：建立自己的小目标

在小松和杨小姐上一次的交谈中，提到了影响性格的第三种因素：我们的梦想、目标和信念。梦想是视线所及的远方，目标是脚下将要走的方向，信念是支撑我们持续走下去的动力。

对当时的小松来说，有很多想要完成的事：想拼尽全力在工作上做出成绩，想减少加班好好休息调整好身体，想出去旅游看看这个世界，想买喜欢的电子产品……不论把这些叫作欲望也好，目标也罢，这么多想法一直沉甸甸地压过来，沉重得让他有点喘不过气。

在一个周末，午饭后他决定在小区附近溜达溜达。毕业之后没怎么运动过，他一边拉伸身体一边晒太阳的时候，看着路边开始发芽的迎春花，忽然意识到北京的春天到了。他一边走一边打算好好考虑一下目标这件事。

目标的价值

人生最重要的两天，就是出生那天和发现人生目标的那天。

——马克·吐温

小松很喜欢马克·吐温的这句名言。从古至今，没有人会低估目标的重要性。没有目标的人,哪怕手里有千军万马、千万家产,可能也很难寻找到真正的意义。

我们在幼儿时期玩的每一个游戏都有自己的目标,在学生时期有学业目标,工作之后有项目目标,还有生活中的目标、商业社会给我们设定的消费的目标等等。习惯了在目标围绕下工作和生活,却突然有点想不清楚,自己真正的目标是什么。

拿自己现在想做的事举例,又发现有那么多想要做的事情,但哪些是真正的目标?哪些只是一时的欲望?最想要实现的目标又是什么?

想到这里,小松有些一筹莫展,正好最近一直忙着加班,好久没和导师老胡联系了,赶紧拿出手机给老胡拨了过去。他之前基本每隔一个星期会给老胡打个电话,最近一直没联系,老胡接通之后先"抱怨"了几句,聊了一些近来的状况之后,小松把自己的疑惑讲了出来。

老胡听了之后笑着说:"我没有办法回答你的问题,这是每一个走入社会的人都需要考虑的问题,且每个人在每个阶段可能都有不同的答案。对你来说最重要的目标是什么?这些目标对你的价值是什么?如何实现这些目标?这些问题没有标准回答,需要你去探索和试错,探索和试错的过程,不也正是你成长的过程吗?"

挂掉电话之后,小松好像有些明白了:我正在做的寻找目标这件事,不也正是目标存在的一部分价值吗?

通过小目标开始成长之路

小松以前做过一些关于目标的尝试,还曾经列过一些任务清单:

- 每天6点起床,看专业书籍30分钟,运动30分钟。
- 睡前安排第二天的工作计划,写日记20分钟。
- 每个月合理分配收入,出去旅游2次。
- 今年升职,加薪30%。

这些有带来社会认可的目标,也有自我内在的目标。可每次都没有坚持多长时间,要么无法协调好时间,要么做着做着没有了动力,或者坚持了一段时间发现对现状没什么改善。做了很多事情,投入了很多时间和精力,最后好像又回归到原点,因此产生了强烈的挫败感。

不过现在,小松觉得之前做的事情也有一定的价值,只不过在寻找目标的路上走了一些弯路。试错之后,才有可能想清楚自己真正需要的是什么,才能慢慢接近内心的那个目标。

小松想起了小时候在农忙时节干农活的场景,不论是播种、施肥还是收割,一个动作做上千遍,不断揣摩怎么样发力更合适,怎样更快地做完整个流程,动作从陌生到慢慢熟悉再到最后做得又快又省力。学会做一件事,不是只把这件事做好一次,而是能不断地坚持实践,把这件事背后的原理、所需的技能运用得足够深、足够透。从了解到精通再到习惯,才算真正学会做一件事。

当自己的能力和精力有限的时候,或许最合适的方法不是把多个目标都抓到手里,而是选择其中重要的小目标,不断弥补自己在知识、经验、心态、技能、信念方面的差距,以积累更多的自信和坚韧的心态。

先通过重要的小目标让自己长成一棵树，繁衍出周边的基础生态，然后不断积累，直至成长为生态更加复杂也拥有更强大力量的森林。就像我们从儿时的童真到成年后的成熟，需要经历一段从简单到复杂的过程。我们实现目标的过程也是，要从实现小目标开始，慢慢成长到能够实现长期的复杂目标。

如何选择和建立自己的小目标

或许是担心小松不明白，老胡之后发了一条短信过来。他没有像以前那样，帮助小松一起梳理问题，告诉他该怎么解决，反而在短信中，让小松去做几件事：

- 把所有想实现的目标都写到纸上，不论是工作方面，还是身体健康、成长、财务、家庭生活、兴趣休闲等其他方面，确保把不同领域里想实现的目标都写出来。
- 从所有的目标中，筛选出3个最想实现的目标，并详细注明想实现的理由，以及实现之后会对自己的工作和生活带来哪些改变。
- 从3个目标中，最终确认1个最想实现的目标。把能够实现这个具体目标的方法详细列出来，并给自己设定一个完成时间。

看着这长长的短信，小松开始往家走，刚进小区的时候，正好碰到了刚从公司加班回来的杨小姐。小松把自己关于目标的想法讲了出来，希望杨小姐从心理学的角度来看看有什么建议。

杨小姐想了一下，说了一个心理学中时间贴现的概念。

时间贴现是指个人对某件事存在价值的判断，随着时间流逝不断下降的心理现象。也就是说，人们会根据对行为结果价值的判断，指导自己做出不同的选择，而行为结果的价值判断则会受到时间的影响。

时间贴现有很多相关的社会现象，比如大家都知道身体健康的重要性，但相比短暂的舒适满足感，对于习惯暴饮暴食、作息不规律、不爱运动的人来说，在认知中却选择性忽略了长期身体健康的重要性。

时间贴现对于目标也有同样的影响，我们在最初制定目标时往往充满动力和执行力，但随着时间的流逝，这种价值感不断衰减，如果不能如最初时信念坚定，最后可能会选择停止继续行动。不过通过明确最重要的目标来开始行动，是一个不错的办法。

我们需要通过重要的小目标来锻炼相应的技能，加强自我控制，不断成长。

小松在书桌前开始做老胡安排的事情，一开始洋洋洒洒写了十几个目标。

今年要从专员升职为主管；坚持运动让每一天都充满能量；今年去云南旅行一次；把手头的几本专业书看完，夯实专业能力……

小松光是把这些小目标写下来就觉得心满意足，不过开始进行第二步的时候，变得有一些痛苦，因为每一个目标对自己都很重要，都不舍得删掉。但想想自己以前也是有很多目标想一起完成，结果都失败了。于是开始硬下心来做减法，把相比没那么重要的目标去掉，把比较类似的目标合并成一个，最后只留下了 3 个目标，并写下想实现的理由以及实现之后对自己的改变。做完第二步，花掉了小松整个周末的时间。

小松的 3 个目标

工作事业：岗位加薪 30%（主动、严谨、开放）

- 理由：工作是在这座城市立足的根本，也是收入的唯一保障，如果能在今年升职，便能够达成加薪 30% 的目标。
- 对自己的改变：在工作的专业、职业、行业方面都能有足够的提升，有能力应对更复杂的工作项目，且能通过加薪改善自己的生活状态。

身体健康：每周坚持 30 分钟以上的跑步 3~4 次，拥有充沛的精力和积极的心态

- 理由：经常加班，身体状况不好，体重飙升、睡眠质量极差、精神状态不佳，甚至影响到了工作状态和日常情绪。
- 对自己的改变：锻炼自己的意志力，用更健康的身体状态来支持自己更好地成长，拥有更积极的心态来面对工作和生活的困难。

回顾和规划：每天坚持回顾和规划，不断成长

- 理由：不断成长和进化是必须要走的路，也是能否成为更优秀的人的关键。
- 对自己的改变：通过对每天的工作和生活进行回顾和规划，更好地发现自己的问题，在不断提升解决问题的能力的过程中，更好地认识自己，不断成长，拥有更成熟的心智。

最后一步是在这 3 个目标中，确认 1 个最需要完成的目标，把

能够实现这个目标的具体方法详细列出来，并给自己设定一个完成时间。

又到了一个周末的早上，一整晚都没休息好正在迷迷糊糊补觉的小松，突然意识到，不论是工作加薪、更健康的身体，还是个人成长，自己的3个目标都是为了拥有更好的人生状态。上一次有这种感觉是在高考完的第一天，早上5点起床来到院子里，一整晚都没睡的小松，暂时脱离了学业的压力，倾听清晨的声音，感受微凉的温度，有一种即将重生的不真实感。

这时，小松确认了1个最需要完成的目标——个人成长：坚持晨起，利用清晨的时间锻炼身体，实现年底加薪20%。

- （45分钟）制订专业、职业和行业学习计划，每天早上学习和总结。
- （15分钟）早上起来写日记，回顾昨天的工作和生活，并做当天的规划。
- （30分钟）每周坚持早上跑步3次，每次跑步30分钟以上。

看着写在纸上的这个目标，小松突然有一种如释重负的感觉，整个人都变得轻松起来。

他想起了鲍勃·迪伦的一首诗：

昔日我曾如此苍老，如今才是风华正茂。

现在，也许就是下一个起点。

习惯养成：简单的事情重复做

制订好了个人的小目标后，小松发现，不论是每天晨起、坚持学习总结，还是写日记、回顾和规划、跑步等具体的任务，如果要做好这些，似乎都脱离不开两个字：习惯。于是，小松周末去国家图书馆找了些书和资料，开始学习相关的知识。

睡眠、学习和习惯的关系

有一个很有意思的研究发现：从婴儿时期开始，我们在睡觉的时候，不但没有停止思考，反而会进入一种深度学习的状态。白天的所见、所听、所学、所思，会在睡眠的几个阶段中（浅睡眠、深度睡眠、快速眼动睡眠）进行过滤、整理、串联和记忆。

尤其是当人进入深度睡眠时，大脑神经元会长出新的突触，加强神经元之间的联系，从而巩固和增强记忆力。这样一个研究，不但强调了睡眠的重要性，也刷新了我们对于学习的认知——长期牺牲睡眠时间来学习，并不是一个科学合理的方法。

从另一个角度来说，我们从开始学习知识，到最终能够理解以及灵活运用这些知识，需要给予一定的时间，让我们的大脑和身体学习、记忆、理解和实践。

我们能够熟练掌握某些技能，是在不断重复的过程中，需要不断地进行练习。对于专业的领域，甚至需要参考"一万小时定律"，进行"精深训练"。

格拉德威尔在《异类》一书中提出"一万小时定律"：人们眼中的天才之所以卓越非凡，并非天资超人一等，而是付出了持续不断的努力。一万小时的锤炼是任何人从平凡变成世界级大师的必要条件。

我们要在某个领域获得一些成就，也需要如此。简单来说，就需要把简单的事情"重复"做。不过这句话容易让人陷入两个误区：

- 简单的事情：并不是指做最基础的事情，而是找到问题的最简单的解决方案。把复杂的事情简单化，本身也是一件有挑战的事情。

- 重复做：不是不加思考的埋头苦干，而是要进行深入而专注的训练，这样"重复做"某件事才有意义。

阿比吉特·班纳吉与埃斯特·迪弗洛在《贫穷的本质》一书中说：这个世界上有很多人，他们勤勤恳恳、任劳任怨，每天工作超过12个小时，只要企业不倒闭，他们不会换工作。可是"一万小时定律"在他们身上并不起作用，恰恰相反，他们越忙越穷。"精深训练""一万小时定律"不仅没让他们成为专家、成为赢家，反而将他们捆死。这被称为"一万小时死亡定律"。

把简单的事情重复做，目的是养成正确做事情的习惯。前面所说的科学地学习、重复进行"精深训练"和坚持"一万小时定律"，其实都是正确做事的方法。对包括小松在内的大多数人来说，最好的做事方法是把想做的事情变成习惯。习惯可以帮助我们更好地长期坚持做，并能高效完成某件事。

关于习惯，我们有哪些误区

上面提到的"精深训练"或者说"刻意练习"，指我们需要讲究方法地进行练习，有明确目标地专注于练习的任务，持续投入时间和精力在实践和思考中。当我们能够针对某个技能进行刻意练习的时候，实际上就是养成了一个正确学习和实践的习惯。

管理学大师史蒂芬·柯维在《高效能人士的七个习惯》一书中说："思想决定行动，行动决定习惯，习惯决定品德，品德决定命运。"

习惯在我们的命运中，起到了决定性的轴心作用。在《高效能人士的七个习惯》中作者还写道："习惯向前是我们的思维、认知和因此产生的行为，向后是我们的品行、价值观以及因此带来更多的智慧和命运的变化。"

行为背后是认知在影响，进而决定了我们会养成哪些习惯。同时就像本章一开始描述的那样，习惯也并不像我们以往认为得那么简单：

- 习惯就是按时定量地去做一件事。
- 习惯有好坏之分，需要改掉坏习惯，留下好习惯。

- 21 天可以养成一个习惯。

以上三个回答有一定的道理但又并不完全准确。习惯的一个标准是我们有目的地去坚持做一件事。而且我们很难改掉坏习惯，正确的做法是通过养成一个新习惯帮助我们变得更好。另外，习惯很难在 21 天养成，我们可以在 21 天坚持去做一件事，但习惯是要求我们通过本能就能完成某件事情，因此真正养成一个习惯需要更长的时间。

那习惯是什么？对于小松来说，他更喜欢把习惯理解成一种力量，可以让我们通过本能，在无意识中距离目标更远或更近的力量。每一个人的工作和生活中，都充满了这种力量。小松对一个良好的习惯，总结了两个明显的特点：

1．帮助我们把复杂的事情简单化

如果想把一件事变成习惯，首先需要把这件事放在合理的范围内，尽可能地保持简单可执行。比如说通过养成习惯来减肥：首先要有一个具体的可以直接执行的锻炼计划，其次要有一个清晰明了的饮食计划。我们把看似困难的项目分解成每一次训练、每一餐饮食，慢慢形成了关于训练、饮食的身体记忆。当我们能够没有障碍、享受这个过程以及结果的时候，习惯也就慢慢养成了。

2．帮助我们更高效地把事情做正确

习惯的另外一个特点是帮助我们高效做事，当我们能够把复杂的事情用最简单的行动去完成的时候，随之而来的就是做事越来越高效，凭借本能就能把事情做好。养成的好习惯越多，掌握的高效

做事的方法也就越多。当我们更准确地理解了习惯，我们才能更好地利用习惯来帮助自己。

如何选择并养成适合自己的习惯

我们大部分人的习惯分成两种：一种是受原生家庭的影响，从儿时开始养成的习惯；另外一种是成年后，我们在不同的社会和生活环境下，为了实现目标，创立的新的工作和生活的方式。

我们的习惯不是孤立的，背后是我们的思维和认知，而思维和认知又和大脑的结构密切相关。我们对于某件事最初的认知，会对自己有一个心理暗示以及相匹配的奖惩刺激。比如玩网络游戏这件事，大脑认为这是一件带来愉悦的事情，所以人容易沉迷其中。

如果我们不能正确地认识游戏的作用，合理适度地玩，而是采取强制戒除的手段，往往没有办法改变自己的行为，甚至会在一次又一次失败中最终选择放弃，彻底沉迷其中。

当我们在选择养成的习惯之前，需要思考背后的认知以及自己的价值观：什么是现在最重要、最想完成的事情？这件事情在未来2~3年会为自己带来哪些改变？为此你愿意做出哪些舍弃？

提前思考很重要，一方面可以避免我们在习惯养成的时候盲目地试错，另一方面也可以让自己对于这些事情的认识更加清楚。选择适合自己的习惯，可以从两个方面入手：

- 这个习惯符合自己的价值观，有强烈的自我驱动力，且在未来2~3年为自己带来正向的改变。

- 不要贪多，无论有多少想立刻去做的事情，先从一个核心习惯开始养成。

小松曾经也想养成很多习惯，想迫切地改变自己，同时进行几件事情，结果没多久就因为精力、方法以及自制力的原因，一个也没有坚持下去，还带来了很强的挫败感。

现在结合小目标来看，首先需要养成的是晨起的习惯，否则整个目标都是空头支票，没有意义。小松打算给自己制订一些规则，以便在坚持不下来的时候，通过规则来保证自己不轻易放弃。

1. 制订一个可以立即执行的行动计划

尽可能简单，不需要复杂。有太多的人在习惯养成初期就制订了详细的计划，最后因为过于复杂丧失了最初的乐趣，也难以坚持下去。

2. 不要想太多，不要进行任何思考，立刻去执行

刚开始的时候，脑子里会有很多声音，也会有很多双手拖住自己向前的脚步。这时候不需要思考，也不要权衡利弊得失，摆脱身体的懈怠，走出去，迈出第一步，一切都会顺利起来。

3. 要坚持，不断地坚持下去

在初期避免任何一次的放弃，如果实在有非可控因素，也需要尽快补上进度，且不要给自己下一次放弃的理由。习惯养成的过程是需要时间累积的，真正养成一个习惯起码需要半年以上的时间，坚持去做是唯一重要的一件事。

也不要妄想在21天养成一个习惯，最难的时候是在半年、1年、

3年之后的某一天，当你从习惯中感受不到任何价值和快乐的时候。这时候，唯一需要做的就是像以前一样坚持下去。

4. 给自己制订阶段性目标，并给予一定的物质奖励

度过了最初从兴奋到有一些松懈的时期，需要给自己制定更高的阶段目标，不断挑战自己的同时，给自己一些物质的奖励。这会让自己更容易坚持下去，并从中收获更多的喜悦和正向力量。

5. 把自己的习惯分享出去

当一个习惯改变了自己，可以把习惯分享给身边的其他人。改变自己的同时也把能量传播出去，这样可以帮助我们更好地坚持，也可以帮助我们更好地认识习惯所带来的价值。

小松开始了习惯养成之路

这个周末很充实，小松了解了习惯的基本规律、误区，也给自己制订了一些规范。过几天就到清明节小假期了，小松打算在清明节前，给自己的小目标做一些前期的准备工作。

- 定好闹钟，早上6点起床。因为还没有摸清睡眠规律，需要在前一天晚上12点之前睡觉。

- 列好了早上可以看的5本专业方面的书籍清单，把行业资讯热门网站订阅到RSS软件（一个聚合信息的平台）上，可以在通勤路上看，将优质的内容安排在早上深入学习。

- 我的日常工作都是电子化的，所以我在印象笔记（Evernote）上面新建了几个笔记本，分别用来写日记、工作回顾和当天规划。

- 大学时我偶尔围着操场跑几圈，可以算是零基础，也有一些以前踢球的旧伤，只能边走边跑，慢慢来。

养成一个习惯需要不断地坚持，坚持做一些简单但有价值的事情。对于后面实际执行的情况，小松心里也没底，只能未雨绸缪尽量先做好前期准备工作。

希望如史蒂芬·柯维所说，通过养成习惯，可以改变我们的品性，给我们带来更多的智慧，最终也将改变我们的生活。

晨起的魅力：改变一生的习惯

转眼间清明节就到了，小松对即将执行的计划充满了期待。也许自己的这次尝试，是一场通向理想生活的冒险。无论结果怎样，小松都打算花两个月时间让自己去试一试，即便失败了也算是积累了更多的人生经验。

第一天挑战晨起

小松在前一晚定好闹钟准备早点睡觉，不过他长期熬夜工作和不规律的作息，加上近期工作压力有些大，脑子里一时间安静不下来，直到过了半夜12点，才迷迷糊糊地睡过去。

早上6点的闹钟有些刺耳，没怎么休息好的小松强打着精神起床，简单洗漱后喝了杯温水，发现天已经蒙蒙亮了。按照最初的计划，这是冒险的第一天，小松先在日记本里记录了这次晨起的一些感受。

闹钟响起的时候，浑身的细胞都在阻挠自己起床，近期睡眠质量不好的问题又一次暴露出来，看来需要想想办法来改善睡眠质量了。除了有些疲惫感,整体感受还是不错的,希望以后可以一直坚持下去。……昨天和老朋友聊天,虽然毕业不到一年,大家的生活都有了很大的差别……

写完日记,小松又回顾了一下近期重点的工作项目:在 PPT 制作和汇报方面暴露出一些问题,需要重点加强,并仔细拆解了节后需要第一时间跟进的工作。小松看了看手机,时间刚好 6 点 30 分,于是拿出了计划阅读的《影响力》这本书,一边做笔记一边读了 45 分钟。

最后一个任务是穿上运动鞋出去跑步一会。清晨的温度有点低,小松简单地拉伸了一下,围着小区慢慢地跑起来。许久没有运动,没跑几分钟就开始喘得厉害,速度也越来越慢,最后坚持到 30 分钟的时候,腿又酸又疼,像极了大学体测 1000 米之后的样子。还好今天晨起的任务已经结束了,冲完澡回到房间,刚好 8 点 30 分——平日里自己起床的时间。这给小松带来一种强烈的不真实感,也带来了"赚到了"的欣喜。

探索晨起的魅力

小松以前从一些研究中看到,普通人脑子里平均每天会产生 5~6 万个想法,但问题是,95% 的人都会跟产生想法之前完全一样。大多数人日复一日、月复一月、年复一年地过着重复的日子。

一次晨起就可以感受到这么多有意思的事情,为什么那么多人依旧会觉得生活无聊。或许像马修·凯利在《生活的节奏》中所说:

一方面，我们都希望快乐；另一方面，我们都知道怎样做才能让自己快乐。但我们都不会去做那些能让自己快乐的事。为什么？很简单，因为我们太忙了，没空。没空干什么？没空让自己快乐。

已逝的苹果前掌舵人史蒂夫·乔布斯也有着晨起的习惯，他每天早上起来会整理床铺，然后问自己如果今天是生命中的最后一天，会不会对今天要做的事充满期待。

从很多企业家和各自领域内最顶尖的人的传记中，比如村上春树、科比、雷军等等，就能看到他们都有晨起的习惯，不过这在大部分的职场人中却很少见。过大的工作压力、长期熬夜的不健康作息以及过于频繁的社交生活，晨起变成了大家没有兴趣聊起甚至觉得有点不能理解的话题。

小松在客厅边吃早饭边想这些事情时，杨小姐看到他在假期第一天早起有点好奇。小松把晨起的事情讲了一下，杨小姐有些惊讶，不过还是为小松的执行力竖起大拇指，开玩笑地说："从经济学的角度来看，可能只有5%的人能够创造自由的人生，而剩下95%的人将继续在泥沼中挣扎，没准你就是那5%的人才。"

小松也是第一天晨起，弄得他都不好意思了。杨小姐笑了笑，走之前说她公司的很多高管，在极为繁忙的工作安排下，依旧会每天8点之前到公司，去健身房跑步健身，然后再开始每一天的工作。

也许晨起真的是不错的选择，晨起的好处不只是把做事情的时间转移到早上，而且可以为一整天的工作和生活带来良好的化学反应。早饭后，小松打算整理一下晨起的好处。

1. 一段只为自己的时间

工作之后，留给自己的整块时间越来越少，对已经有家庭的人而言，就更为困难。大部分时间被碎片化切割，被一个又一个临时的状况打断。而且工作之外的时间中，晚上的时间不可控因素比较多，只有早上的时间最有可能不被打扰。

给自己安排一段不被打扰的时间，享受生活，处理一些重要的工作，做自己喜欢的事，与自己相处，都是很好的选择。

2. 一天竟然有"36小时"

北京的很多职场人士，一天的工作可能是从上午10点开始，结束于晚上8点。一日之计在于晨，晨起的另外一个好处是，可以在早上高效地处理事情。在这段时间效率提升，相当于延长了一天的时间。

假如把这段时间投入到工作上，可以高效而集中地处理好一天中很多重要的事情。对小松来说，提前安排当天的工作，可以很大程度上缓解自己的起床焦虑和对当天工作的恐慌。而且如果把这段时间投入到生活中，也会带来意想不到的生活品质的提高。

3. 养成自律的习惯

于小松而言，如果能坚持早起，也是在暗示自己可以克服很多的阻碍，对未来其他的习惯和规划有着非常大的促进作用。毕竟在初期坚持晨起需要与生理和心理对抗，在每天晚上要求自己早点休息，在早上意识模糊中与自己的抗争，这些都很痛苦。但想想延迟满足后的收获，以及长期坚持晨起后从内到外的改变，会发现一切付出都很值得。

在晨起中不断成长

很多人习惯玩手机帮助自己放松，但睡前通过这种方式来帮助自己在一天的压力和疲惫之后，恢复内心的秩序，实际上是低效率的休息，很容易在即时满足中不知不觉就到了深夜，不但休息不好，而且还增加了第二天工作的压力，陷入了另一个循环中。

这天晚上，或许是早上起得太早了，小松很快就睡着了，第二天起床也顺利很多。小松的晨起计划是根据自己的情况来安排的，为了更好地了解晨起可以做的事情，他特意跑到国家图书馆，收集整理了一下晨起可以做的事情。

1. 阅读：坚持个人成长

早上起来花 30 分钟阅读，无论是专业书籍还是文学作品，在不被打扰的静心阅读之后，可以让自己更加自信地面对一天的工作和生活。

长期积累下来，除了阅读量增加之外，也会给自己带来巨大的提升。现在互联网上一些为人熟知的意见领袖，无不在某一个阶段通过大量的阅读和思考之后，经过长期积累带来了从内而外的人生的质变，并以此为基础达到到现在的人生高度。

2. 保持身心健康：身心状态是一切的基础

中国人在早上锻炼身体的习惯，更多的是在退休人群中，这一点从早晨公园里热闹的场景或者广场舞的风靡可见一斑。

晨起锻炼，在国外是众多自我管理大师的必修课，他们在早上通过喝一杯蜂蜜水、20 分钟冥想、锻炼身体等多个充满仪式的环节，让自己的身体状态和信念处于一个极高的水平，这可以让他们更从容地面对一整天激烈的竞争和不平凡的生活。

3. 做一顿早餐

无论是独身者还是有家庭的人，早起给自己或家人做一顿简单美味的早餐，可以提升生活品质。

4. 晨间日记：关于个人成长

早上起床后，在意识介于未清醒和清醒之间的时候，写晨间日记。记录一下昨天发生的事情，以及自己当下的情绪、感悟等等。

5. 工作：写下最重要的几件事

花 10 分钟时间，把今天工作和生活中，务必要完成的几件最重要的事情写下来，帮助自己更加高效地度过一天的时间。

6. 自我激励

早晨是一天的起点，读一读自己最喜欢的文字，听一首美妙的音乐，对自己做一些心理暗示，有利于建立内心的秩序，高效利用时间和精力。

从农业社会进入工业社会和科技互联网社会之后，日出而作、日落而息的生活节奏不那么容易实现了，小松也没想到早上可以做的事情有这么多。这两天习惯在早上做事情，他有一个明显的感受是自我掌控感的提升，整个人也充满了能量，可以更加积极且专注地投入到将要做的事情中。

如果今后的每天都可以拥有这种状态，工作或许也会变得不一样了。这时候，小松想起了《早起的奇迹》中的一句话：当你选择承担自己人生的一切责任时，你就拥有力量改变自己全部的人生。

晨间日记：一天"36小时"

晨间日记的新起点

　　从清明节开始，小松坚持晨起计划有一段时间了，他对工作和生活的掌控力越来越强，不仅睡眠得到改善，每天的工作状态和成长速度也获得了明显的提升。虽然拒绝了一些社交的邀请，小松经常被朋友们抱怨，但他每天早上都可以感受到内心"来自远方的呼唤"，这更加坚定了他跟随小目标的指引，继续向前走的信念。

　　不过与此同时，小松也发现了晨起安排的一些不足。晨间的日记、每天的回顾规划以及学习的执行效率都不算高，尤其当积累的内容越来越多的时候，执行起来也不是很方便。对于一个追求高效的工具控来说，这是特别煎熬的一个状况。

　　一天上班路上，杨小姐给小松发来一篇文章，介绍了一本写晨间日记的书——《晨间日记的奇迹》，作者是日本知名的自我管理专家佐藤传。虽然小松对3分钟实现梦想有一种成功学的质疑，不过出于对杨小姐的信任，他还是找来读了一遍。

　　书中最吸引小松的是，佐藤传建议用 Excel 来写日记——不但可以解决每次写晨间日记时无从下笔的问题，也方便进行记录和内容管理。而且从理论上来讲，一辈子的日记，一个 Excel 文件就可以搞定。

想想 10 年后的某一天，动动手指就可以看到自己在这 10 年间同一日期的日记，看到这一天都发生了哪些重要的事情，开心还是难过，有没有在为梦想努力奋斗，10 年前自己的想法是不是很天真，这 10 年自己有哪些明显的变化等等，有一种时间在眼前快速流过的感觉，应该也是很不错的体验。

小松希望晨间日记可以变成一个长久的习惯，作为晨起计划很重要的一环，可以让自己从旁观者的视角，看到每一年自己有哪些明显的变化，也可以更加冷静客观地判断自己的每一个转折，每一个重要的感悟。不只记录生活，也记录工作，记录自己的喜怒哀乐，成功与失败，记录在每一天的点点滴滴中看起来有意义的事情。

这一切，或许都可以保留在晨间日记中，它记录了自己如何成为现在的样子。

想到这里，小松决定用 Excel 这样一个更加简单高效的工具，替代写晨间日记的旧方法。

晨间日记的好处

之后，小松向杨小姐表达了感谢，杨小姐摆摆手，开玩笑地说："看来你已经转变为成长型思维，迈出了进阶高效能人士的第一步，习惯的力量，往往是坚持得越久越能得到超出预期的回报。"

小松回房间之后一直在想杨小姐说的"习惯的力量",自己虽然坚持了一段时间晨起,但自问还不算养成了习惯,各个晨起的事项也都有一些不足需要去完善。

说到参考佐藤传的建议,利用 Excel 写日记,小松决定还是先把自己这段时间晨间日记的收获整理一下。

1. 起床后不用立刻去面对内心的压力和外界的喧嚣

在执行晨起计划之前,特别困扰小松的一个问题是:早上赖床到最后一分钟,起床后需要立刻去面对今天的工作压力,以及北京拥堵的公交车和地铁。

晨起计划让小松感激的一点是在起床和上班之间,有一段可以完全由自己掌控的时间,退可回顾昨天的得与失,进可规划今天的工作。不必像以前一样,起床是不能逃避的压力的开始,现在他可以提前做好工作计划,也准备好了更加积极的心态和更充沛的精力,来面对工作中的难题。

于是,最让人痛苦的起床上班焦虑症,消失不见了。

2. 放下内心的防备,与真实的自己对话

一段安静的时间在职场人的工作和生活中是一个奢侈品,之所以称为奢侈品,是因为只有一小部分人能够且有能力拥有。晨间日记的其中一个好处,就是让你每天拥有一段奢侈的和自己对话的时间。

每天写一篇晨间日记,哪怕只有 5 分钟,也可以给自己安排一段不被打扰的时间,更好地与自己相处。有些人认为 5 分钟干不了什么有价值的事情,但这取决于你的目标以及能否专注于这一小段时间。

对于一个处于压力和焦虑状态的人而言，一个典型的特征是：哪怕一天没干什么，也感到强烈的疲惫，整个人都无精打采的。这是因为他每天将大量的能量用在对抗这些负面情绪对自己的干扰上，造成了很大的精力损耗。

晨间日记作为一个私密性很强的日记，让自己可以毫无防备地卸下身上的盔甲，把最脆弱和真实的一面表现出来：发生了任何坏事都没关系，承认自己的不足，接受最真实的情况，难过了就哭出来，开心了就笑出来。对普通人来说，一段接触放下防备的自我，与真实的自己对话的时间，有助于建立更加稳定的内心秩序，减少精力损耗。

3. 清醒时间做重要决策，倒逼提高效率

很多互联网从业人员，一天的工作是从上午 10 点开始的，结束于晚上 8~10 点，很多人因为工作的原因成了晚睡晚起的人。这就会造成一个现象：哪怕是晚上 10 点钟到家，玩玩手机放松一下，洗漱一下，不知不觉就凌晨一两点了。

时间从物理世界的角度来说对每个人都是公平的，能否在同样的时间内创造更多产出，在于是否可以高效地利用时间。晨起的时间段，相比白天忙于工作、晚间容易情绪波动且注意力不集中，更适合做重要的思考和决策，我们可以利用这段时间提前把一天的主要工作和任务，进行有目的地分配和管理。高效的工作和生活，会给人一种一天"36 小时"的感觉。

4. 在生理与心理的博弈中战胜自我，养成自律的习惯

每天早上在意识模糊中与自己抗争所带来的痛苦，和关掉闹钟继续睡觉的舒适，形成了极大的反差。晨起需要在不够清醒和意志力不够强大的情况下，与生理和心理进行博弈，因此成为众多习惯中很难养成的一个。

小松在早上起来写晨间日记的日子里，发现晨起本身带有强暗示性：我可以战胜自我，克服更多的阻碍，对其他的习惯和规划都有着非常大的促进作用。久而久之，我们可以不断战胜懒惰和低效率的自我。所以，晨起会帮助我们成为一个更加自律的人。

升级后的晨间日记

晨间日记是一个小习惯，小松之所以花很多时间来研究和总结，一是相信复利的力量，长期的积累可能带来巨大的价值；二是相信如何看待和面对发生过的事情，会对自己带来潜移默化的影响。如果你不能正视自己的过去，又何从谈未来呢？

根据自己重点关注的领域，小松将最新的晨间日记分为9个部分，表1为小松某一周六的晨间日记。

1. 晨起计划（保证精力）

记录跟踪每天的作息时间、睡眠质量、体重变化等。前一晚的睡眠质量可以很直观地反馈身体状态。

2. 心智·学习·阅读（个人成长）

保持对个人成长和进化、持续学习和进步的关注，把昨天重要

表1 晨间日记

晨起计划·精力	心智·学习·阅读	人际关系
早睡早起，保持体力充沛	你就是你每天做的事	成为更优秀的人

工作·个人项目	×年×月×日周六		家庭·生活
追求卓越、要事优先、严谨	心情	平静	家庭为先
	纪念日		
	生日		
	约会日		
	天气	25°阴	
	时间	×年×月×日 8:17	
	每一天，都值得全力以赴		

理财投资	每日事项清单	身体·兴趣
量入为出	活在当下	健康的身体是一切

的个人思考和项目进展记录下来，包括经验教训、成功收获、自己的情绪波动、阅读的感悟等。

3. 人际关系（成为更优秀的人）

人是社群动物，无论是我们的目标、计划和结果，都离不开身边朋友的支持和鼓励。优秀的人自带吸引力，多结交优秀的人，向他们学习。

4. 工作·个人项目（要事优先）

对于昨天重要计划的完成情况，有哪些问题以及要点需要总结并不断调整的，都记录下来。

5. 每日记录（每一天都值得全力以赴）

这是每天晨间日记最先记录的内容，包括天气、纪念日、心情等等。通过一些简单的备注不但可以让自己记住重要的日子，也可以快速进入专注记日记的状态。

6. 家庭·生活（家庭为先）

对小松来说，所有的成长都是为了最终的幸福。家庭在幸福中占据了重要的地位，关注生活的点滴以及家庭的关系，保证每天都有时间投入到家庭生活中去，这是很重要的一件事情。

7. 理财投资（量入为出）

生活中很多的矛盾和限制来源于财务问题，懂理财、理好财对于绝大部分人是很重要的课题。小松的收入虽然不多，但也开始要求自己量入为出，每月坚持定存。

8. 每日事项清单（活在当下）

这一栏涉及工作和个人的项目，写下今天一定要完成的几件事，最好控制在 3~5 件。这是每天早上对自己一天要做出成绩的承诺。

9. 身体·兴趣（健康的身体是一切）

关注身体健康和娱乐，保证劳逸结合，在健康方面的投入会输送能量给其他方面，在兴趣方面适当地投入会让人有更多的幸福感。

这个晨间日记九宫格的内容，是大部分人会关注到的领域，但受限于每个人的精力和资源，很难做到全面兼顾。小松决定根据当年的目标和计划，协调各个领域的主次，一年中最多在 2~3 个领域保持重点关注，非重点领域尽量采用"小投入、中产出"的标准，保持要事优先，适当地做舍弃。

把晨间日记拆解得越落地，小松就越明显地感受到晨间日记并不是一个独立的任务，更像一个指挥中心：我们经过一夜的休息之后，在清晨可以冷静客观地对昨天的事务进行回顾和分析，主动对今天的重点事务进行规划和安排。这样坚持一天可能看不到明显的变化，当持续不断地坚持下去，1 年、5 年，甚至 10 年，日积月累的变化会通过复利的影响带来巨大的价值。

晨间日记看起来很简单，但背后也有着严谨的逻辑和思考，每一次记录的背后，都有结合自身实际情况，不断思考和坚持进步的初心。

利用每天早上 5~10 分钟时间，做一点点的投入，以此为种子，逐渐生根,成长为更有力量的大树,直到拥有一片森林。也许不一定能实现,但是不论起点高低,也不论可以走到什么高度,只希望可以不认命地去见识更有意思的世界。

清单习惯：建立 15 个好习惯

几个月前开始晨起之后，每天读的书、跑过的步以及每天坚持写的晨间日记，都在帮助小松快速地成长。工作效率和专业能力比以前只做基础执行的时候有了很大提升，在公司也开始负责更多重要的项目。不过随着工作压力不断增加，小松又有了新的苦恼：对于新接手的几个重要项目，容易遗漏一些很重要的任务和细节，尤其在多个项目同时推进的时候。为此，小松没少被领导批评。

从新压力到被"打脸"的年度计划

虽然压力会激励小松进步，但他还是更喜欢晨起时那种充满掌控力的感觉。因为最近晨起的习惯，小松在面对困难时的抗压能力也比以前好了很多。不过有没有一种方法，可以帮助自己更好地应对工作中遇到的问题？小松在下班的路上一直在想。

晚上回到家已经很晚了，没想到室友杨小姐还没休息，在客厅里写写画画不知道在干什么。看到小松回来，杨小姐拿着手里的笔记本问他："现在已经 8 月份了，你今年的计划完成得怎么样？"

小松拍拍脑袋，说："你不提，我都忘了自己还做过今年的计划。当时写了很多目标，最近几个月除了从清明节开始坚持晨起，其余时间都扑在工作上了，年度计划里的事情压根没做，又一次被自己'打脸'了。"

看到杨小姐笔记本上密密麻麻的字和图画，小松赶紧请教有没有什么方法可以分享。在他看来，自己才刚刚踏上个人成长之路，有一个优秀的人可以学习是很幸运的事。

杨小姐给他看了一张纸，最上面用大字写着"周六居家任务清单"，接着列出了7件要做的事。有简单的，比如整理好房间和下周要穿的衣服、给房间的花浇水，也有复杂一些的事情，比如把这周的读书笔记重新整理一遍……我有点不解地说："除了类似整理读书笔记这样的事，其他的事情感觉不一定非要写到纸上。"

"我之前也是这么想的，"杨小姐说，"不过经过几次实验，把所有的事情写到纸上反而是最合适的。一是给自己做了一个书面承诺，二是按照这个清单可以高效地把所有的事情做好。其他的年度计划我也都按照这种方法，做成了一个个清单，大部分目标都比预期完成得更好。"

小松又请教了几个问题后，杨小姐回房间休息了，他还在客厅里思考关于清单的事情。自己的晨起任务也包括了洗漱、喝一杯温水这些看似不起眼的小事情，但正是这些小事可以帮助自己快速进入状态。或许这样一个全面的清单，还是有很大的作用。小松感觉自己想明白了一些事情。

从"无知"到"无能",从两大类型的问题发现清单的价值

第二天小松在写晨间日记的时候,在"心智"一栏里,仔细记录了关于清单的新的认识:

原来自己早上做的几件事,是按照清单的形式来进行的,杨小姐说自己的年度计划坚持得好,也归功于清单的作用。之前我只意识到晨起是一个习惯,那是不是清单也可以像晨起一样养成一个习惯?它有哪些价值?能带来哪些改变呢?

如果是养成习惯,小松有一些心得,不过还是要先了解一下清单的作用。于是,这天早上他就没有安排阅读的任务,而是从网上收集一些关于清单的资料。在找资料的过程中,小松深切地感受到可以从互联网上找到越来越多的知识,有很多方法可以解决哲学家口中"无知"的问题,不过也带来了新的问题:我们可以快速解决自己的"无知",但并没有更快地帮助我们解决"无能"的问题。绝大部分问题并非单纯地了解知识就可以了,还要经过不断地实践和学习才能解决。

哲学家格洛维兹和麦金太尔指出,人类的错误可以分为两大类型。第一类错误是"无知之错",我们犯错是因为没有掌握相关知识,只部分理解了世界的运行规律。第二类错误是"无能之错",我们犯错并非因为没有掌握相关知识,而是因为没有正确使用这些知识。

从"无知之错"到"无能之错",简单来说,就是我们了解了越来越多的知识,但并没有学会如何把事情做正确。《清单革命》

的作者阿图·葛文德说："我们的身体能够以 13000 多种不同的方式出问题。在 ICU，每位病人 24 小时平均要接受 178 项护理操作，而每一项操作都有风险。当面对复杂和极端复杂的问题时，正确理解和使用清单，可以帮助我们减少犯错的概率，降低风险。"

利用早上半小时的时间，小松对清单有了更多的了解，初步解决了"无知"的问题。他觉得这些知识可以立马应用到自己今天的工作中。

小试牛刀，清单在工作中的价值

当天小松起床时间早，忙到现在还不到 8 点，于是他拿出一张纸，开始梳理最近工作中新接手的几个项目。每个项目需要完成的任务都比较清楚，但真正开始做的时候，容易忽略掉一些任务和细节，于是他把每个项目需要执行的任务依序写到纸上，标注清楚谁来负责执行、谁负责审批、谁负责来交付，以及需要完成的时间节点。

看着手里几张经过分解的项目任务清单，小松心里的负担消减了大半，起码做事情不再那么手忙脚乱，可以集中注意力到具体的任务上去了。

在公司实际执行的时候，小松对清单内容进行了更多的调整和优化，新项目出现的问题比之前少，他可以花更多精力专注到具体的任务上，把每一个项目完成的预期从之前的 60 分提高到 80 分。

体会到了清单的价值，小松决定利用这个操作简单且容易复用到其他工作任务中的方法，对自己的工作进行重新梳理。将每天、每周、每月固定要执行的任务，整理成一张张任务清单，定期按照清单一件件执行。重要的项目结束后，输出完整的任务清单，并进行电子化保存。

之前很多需要靠脑子记住的事情，现在只需要按照清单来执行，并随时根据实际情况进行调整就好了。这个习惯不但解放了小松的注意力，而且让他慢慢养成了做事情更加有条理的习惯。

意外惊喜：小松的"每日清单"

这两个月小松利用清单改善了工作上的问题，不过他觉得清单的价值不止于此，还有更多可以挖掘的价值藏在海平面下面。

1. 从行为榜样身上挖掘清单的价值

一次偶然的机会，小松看到了当时的行为榜样杰克·多西（Twitter 和 Square 的创始人）在斯坦福大学的一次演讲，演讲中他提到了每日必做和不做清单。

必做清单（Do List）：

- 活在当下
- 接受脆弱
- 只喝柠檬水和红酒
- 每天 6 组下蹲和俯卧撑
- 每天跑步 3 公里
- 每天思考本清单

- 站直了
- 打拳击沙袋 10 分钟
- 跟所有人打招呼
- 每天保证 7 小时睡眠

不做清单（Don't List）：

- 不回避目光接触
- 不迟到
- 不设定过高期望
- 不吃糖
- 周末不喝烈酒、啤酒

小松最初在演讲中听到这个清单的时候，很受激励，因为自己平时也有一些小毛病，比如不能保证充足的睡眠时间、不爱吃早饭、工作时的坐姿不恰当等等。因为太过琐碎而没找到好的方法来提醒自己，所以他特别喜欢这种通过清单来提醒和暗示自己一些特别细节的事项的方式。作为两家上市公司的 CEO，杰克·多西的这个看似简单的清单背后，相信也是经过了足够多的思考和实践，是他日常对自己的要求和处世的哲学，也是一个成功人士背后极度自律的缩影。

按照晨间日记的分类，小松把杰克·多西的清单简单拆解成心智成长、身体健康、人际社交等几类，并根据自己的需求调整清单的内容，固定下来一个适合自己的清单，背后传递出对自己的理解和期望。

2. 小松的每日必做和不做清单

必做清单：

- 先做最重要的事
- 该生气时表明自己的态度
- 每天坚持晨起
- 工作时坐直了
- 每天6杯水
- 少吃点饭（八分饱）
- 每天保证7小时睡眠
- 睡前喝一杯牛奶

不做清单：

- 不逃避问题
- 不故步自封
- 不轻易否定自己
- 讲话不要啰唆和慌张
- 不酗酒

> 规则：
>
> • 必做清单保持在10项以内，不做清单保持在5项以内，尽量保持清单内容浅显、易执行；
>
> • 清晨是做自己喜欢的事情的时间，用来记晨间日记、阅读、运动，而不是用来填补之前未完成任务的漏洞的；
>
> • 晚间不过多使用手机。

（1）检查清单时间：每晚睡觉之前

把清单加入晚间回顾的事项，睡觉之前检查一遍今天有没有做得不到位的地方，及时完成或者提醒自己在第二天注意。清单的内容建议不要太过于严苛，比如每天跑步 5 公里，要根据自己的实际情况，在保证时间、精力允许的情况下去进行。

（2）检查清单耗时：5~10 分钟

清单内容很简单，这一段时间主要用在回顾自己当时列这个任务的初心。比如吃饭八分饱，是因为自己长期吃得太饱导致胃不舒服，而且容易发胖，所以提醒自己吃到八分饱就可以了。

（3）调整清单要求：简单可执行

任务内容足够简单，可以立即去执行或提醒自己。比如：因为不爱吃水果而要求自己"去吃点水果"；用"容易逃避问题"来提醒自己直面真相。如果需要调整，要灵活根据最近一周或一个月的问题和期望进行，确认之后再加入清单内容中。

3．坚持一段时间的好处

坚持回顾每日必做和不做清单，在开始的一段时间里并没有太明显的改变，半个多月之后，小松在写晨起日记时，才发现自己在潜移默化中有两个变化：

一是对待自己缺点的态度，相比以前的难以接受，现在的心态更加坦诚。这是一个心智和思维层面的改变，可以更加开放地面对自己的问题和缺点，也是自我成长的第一步。当你能够自如地进入这种状态时，大部分情况下，就可以清晰地感知自己的感受，是事实真相还是情绪波动带来的自然反应。

二是对于清单中的内容，小松现在可以更好地执行和遵守了。自律的提升也为日常的工作和生活带来了潜移默化的好的影响。举个例子，小松之前肠胃不好，而且下班后整个人有些懒散，他发现主要是因为那段时间吃得太多而且运动太少，于是他要求自己每天睡前简单运动一下并且每顿饭最多吃八分饱，2个月下来体重减了6斤，身体状态也好了很多。最大的惊喜是整个执行过程并没有感到痛苦，习惯带来的影响很明显。

4. 关于养成执行清单的习惯的建议

在小松看来，如果想要养成执行清单的习惯，就要怎么简单就怎么开始，重要的不是完美的计划，而是迈出第一步。

（1）列3~5项想坚持或改正的小习惯

最好能分多个领域，比如工作、生活、健康等，但也不限于3~5项，只有1~2项也没问题。每个清单的任务数量最好控制在10个以内。

（2）确认必要性

思考并确认这几个习惯的必要性以及意愿的强烈程度，这与最终是否能成功息息相关，毕竟如果你自己没那么认可这个习惯的必要价值，工具也是替代不了人的主观能动性的。

（3）以最简单的方式开始

每日执行的时候，怎么方便怎么来，比如把清单任务写在便利贴上、贴到电脑上，或者存到手机上等，重要的是能保证每天有5~10分钟可以排除干扰地检查清单。

（4）提前给自己设立一些奖励

比如坚持一个月或者坚持半年之后奖励自己某件物品，让自己在懈怠的时候能够坚持下去。如果成功了，那么恭喜你，你真的很值得拥有这个奖励。

（5）分享出去

把这个习惯的好处分享给身边的伙伴，这样自己也会更有动力去坚持。

一转眼马上到国庆节了，半年时间过去，小松养成了每日晨起和回顾清单的习惯，给工作和生活带来了很大的变化。他很庆幸半年前自己做的决定，打算趁着国庆节回家，拜访一下导师老胡。

知识管理：搭建知识体系，建立职场护城河

小松和老胡的一次面谈

国庆节第二天，小松就去拜访老胡了。老胡是他很尊敬的一位导师，不论是毕业前的就业建议，还是实际工作中遇到的问题，老胡都给了他很多帮助。小松在学校期间和老胡关系不错，也就没什么拘束，一见面就和他在书房里聊了起来。话题从老胡带的这一届学生，到了北漂两年的小松身上。看着书房里满满两个书架的书，小松感叹：怎么样才能像老胡一样，看那么多书，拥有那么多知识？

老胡纠正了小松的看法：看过书不等于拥有知识，一千个人有一千种对哈姆雷特的认识，更何况知识本身是没有意识的，需要学习者对知识进行管理，建立自己的体系，学以致用，才可以发挥知识的价值。

听到管理和体系这两个词，小松来了兴趣，给老胡续上茶水，像学生时期一样端正了坐姿，让老胡接着讲。

老胡问了一个问题:"你觉得学习是什么?"

小松没仔细考虑过这个问题,一下把他问住了,小松说:"平时经常说学习知识、学习技能,好像一直关注的是知识和技能,没有把学习当作一个动词来看。"

老胡不打算为难他,于是说:"简单来说,学习是'学'和'习'两个字,学是了解,习是实践,学习是一个从了解到实践的完整闭环。对知识的学习也一样,包括了从了解到实践两个过程,随着了解的知识越多,一定要有意识地进行分类和整理,再通过思考和实践的结果对知识的结构进行反馈调整,才能更好地指导实践。

"比如关于营销的专业知识和摄影的知识,在初期分开学习会更系统,当知识和实践两方面积累得足够多时,就会发现两者有很多共同之处。比如都需要充满好奇心和观察力,都需要了解社会和人性,以及基本的实际操作技能。

"当然学习的路径有很多。有的人喜欢读书,其理论知识很丰富;有的人热衷于实践,其实践经验很丰富;也有的人喜欢用自己的方式去了解世界,这同样可以积累知识与技能。"

听了老胡的一席话,小松没想到知识还可以通过这样的方式进行管理。自己习得的知识、积累的工作经验有限,未来还有很多需要学习的领域,是很有必要提前做一些知识管理准备的。

于是拜访完老胡之后,小松回到家开始进行了一番整理。

度过职场新人的阶段，需要升级自己的工作方法

我们每天都在努力地工作、加班，看了很多书、学习了很多知识，可只有一小部分人可以快速地升职加薪，不断跃上一个又一个新的台阶。

小松意识到，作为已经不再年轻的职场人，与刚踏入职场时，需要快速提升能力和积累经验的阶段有一些不同。在积累经验的同时，小松需要把经验内化为能力，升级成竞争力，才能在职场中占有一席之地。

如果经验不能得到及时的内化和升级，那就只是相互独立、分散的经历而已。就像书本上的知识一样，虽然有很多，但离开了人的思考和实践，就没有价值也形不成竞争力。等工作经历再多几年，随着年龄增加，经验的价值也在逐步衰减，尤其是当我们每年接收和需要处理的碎片化知识以成倍的速度增加时，就更需要及时更新工作思路和习惯。

"知识体系"是在个人成长领域流传很久的一个词语，顾名思义就是"知识＋体系"。意思是把我们每个人经过学习和实践得到的认知和体验，内化成拥有自己逻辑结构的体系。

知识有很多，尤其是在现在多样的信息大量涌来的时代，每天都可以接触到很多知识帮助我们解决"无知的问题"。但只有把经验和认知内化成结构，才能把知识串联起来，解决"无能的问题"。为了在职场上发挥价值，我们需要升级工作方法，其中一个很重要的，就是建立自己的知识体系。

知识体系对职场和个人成长的价值

小松毕业后刚进入职场的时候，每天会在工作之余，挤出1小时来学习专业知识。在不断学习专业理论和积累实践经验的同时，逐步丰富了专业领域的知识和技能框架，在实际工作中的表现也得到了快速提升。

后来在养成每日晨起和回顾清单习惯的过程中，小松意外地发现，之前的学习经验，可以很好地复制到新习惯的养成中。每天安排半小时阅读、坚持写晨间日记、制订某一个训练计划、睡前检查每日必做和不做清单，以及向优秀的人学习等等，帮助小松节省了很多在学习初期培养学习习惯所需要花费的时间。

当有了知识管理的意识之后，小松开始把知识结构按照多个领域分类整理出来，在个人成长、工作和学习等领域实践的过程中，不断积累内容，完善自己的知识体系。最初的体系可以帮助我们更合理地对知识进行分类整理，更好地指导我们进行学习，这也是不断成长的基础。

当实践越来越深入，有了更多的新思考，就会去进行更深入的学习，知识体系也会进化得更加高效。在高效的知识体系中，工作事业、个人成长、身体、理财、家庭、兴趣等各个领域之间，认知和经验是相互串联起来的，如果做到举一反三，就可以加快我们对其他领域知识的理解和内化的速度。

当多个领域的知识融入可以相互借鉴相互验证的框架中，我们才能更加高效地学习和提升价值。这种相互之间形成的合力，能够迸发巨大的能量。

对于工作和生活，知识体系都有着积极的正向作用。

1. 职场最有竞争力的价值杠杆

对于职场新人，需要不断去学习新知识，来补足自己在实践时经验和能力的不足。一方面补足自己的理论知识，学习如何把事情做正确；另一方面扩展自己的视野，学习什么是正确的事情。

在新人阶段，只要够努力、够投入，往往可以获得很快的提升和成长，帮助自己进入下一个阶段。但随着基础经验的补齐，想让自己更加有竞争力，就需要进行更加深入的主题式学习，同时需要把眼光从专业上，拓展到职业和行业上面。

如何更好地理解行业的趋势、目前的状态，以及行业普遍的关注点？

如何更好地培养职业的态度，打磨职业的基本素养和能力？（比如PPT制作、演讲汇报、逻辑思维能力等。）

如何在专业领域进行更加深入的研究，让自己成为行业专家？

这时候我们遇到的往往不是单个问题，而是系统性问题。独立解决一个又一个遇到的问题，并不足以让我们升级，我们需要做的是在平时的学习和工作中，有意识地进行思维层面、能力层面、认知层面的提升。

当我们在工作领域逐步建立不同分支的知识体系，进而串联起来，就会在岗位优势、行业地位和职业表率上，取得更加明显的竞争力。

2. 个人成长路上最忠实的帮手

泛化的知识体系可以帮助我们取得事半功倍的效果。这里的泛化不是代表很杂而不深的涉猎，而是让自己的知识不断延展，串联到一起。

真正的牛人，不只是专家，也是杂家。他们可以理解很多现象，并提出自己独到的观点；他们可以旁征博引，就像是一个庞大的知识库。这不在于他们的智商有多高、记忆力有多好，而是在于他们能够把知识串联成有序的结构，同时也大大减少了消耗在记忆上的成本。

在个人成长的道路上，需要不断去学习新的知识。当自己的知识体系越来越完善，结构越来越清晰，那么在工作和生活中，不论是思考问题，还是表达、做决策，都能更加高效。

如何开始搭建自己的知识体系

有一次和同事聊天的过程中，同事说自己在 30 岁的时候经历了一次职场危机。当时面临的核心问题，是在一家比较稳定的公司待久了，形成了一种惰性，丧失了对外界的觉察和好奇心，导致能力一直停滞不前。在一次公司人事变动的时候，同事差点被部门裁掉。

小松很理解同事的情况，当有了家庭，有了更多容易让自己分心的事情，并且逐渐失去年轻时的体力和精力时，就需要及时更新自己的能力模型、依赖价值和经验，而非依靠体力和基础劳动来获得更多收益。

我们每个人都有自己的知识体系,大都以经验为主导,帮助我们进行思考和决策。随着我们工作和生活的复杂程度越来越高,我们的时间越来越宝贵,我们需要解决的问题也越来越依赖综合能力。建立和完善知识体系,是一个长期不断精进的过程。

1. 拥有强烈的好奇心及探知新事物的欲望

学习是第一生产力,好奇心是我们坚持学习的原动力。我们需要找到自己拥有强烈好奇心的领域,并保持开放的心态。这两个元素在年轻的时候很容易获得,因为年轻时可以接触到很多新鲜事物,同时年轻人的生理和心理特点也容易让人充满豪情壮志。

但随着工作和生活的经验越来越多,我们的感知力和寻找新事物的驱动力在下降,这一点从我们觉得时间过得越来越快、工作和生活节奏越来越规律上面也能看出来。保持好奇心和开放的心态,与其说是一种天赋,不如说是一种好的习惯。这背后包含着我们对自己的了解、对目标的渴望,以及谦逊的人生态度。

小松初识公司的一位老领导时,领导是一个大腹便便的中年男人,之后他喜欢上了健身,每天都挤出时间去健身房,或者在家做塔巴塔训练减肥法(Tabata),就一两年的时间,他从内到外都发生了很大的变化,而且这种状态的改变,随着他坚持的越久越明显。

对于有一定经验的职场人来说,好奇心不再是自然存在的品质了,它需要我们主动去寻找和探索,重新找到人类探索未知的天性。

2. 进行有目的的主题式学习，搭建基础框架

建立知识体系，需要了解碎片化的知识，但更重要的是进行主题式学习。

主题式学习，是围绕一个核心主题进行持续的学习和实践。学习不一定是读书，也不一定是通过文字来获取知识，我们可以借助自己的专长和兴趣，通过交流，通过分享，通过合适自己的方式来进行知识的获取和实践。

最好不要同时进行多个主题式学习，在最初阶段进行 1~2 个即可。围绕这个主题，我们从书中、从每天碎片化的信息中、从与人的交流和跨行业的分享中，不断吸收新的内容进来，补足到自己为这个主题搭建的知识框架中。

随着我们涉猎得越广，这个主题的内容就会越丰满，越充满生命力，这时候我们要切记不要随便切换主题。因为对于知识的了解只是第一步，我们真正能够把知识融会贯通，还需要更多的实践和思考。

在主题式学习的过程中，小松用的是印象笔记。读书笔记、碎片化知识备份、收集重要文章、输出内容的分类整理，都可以用印象笔记或类似的工具来帮助自己提升学习的效率。

3. 不断学习，坚持实践，把所学知识进行有序的串联

知识从了解到精通，能够让知识体系帮助自己迸发巨大的能量。这个过程大致可分为 4 个阶段：了解（学）—掌握（熟悉操作）—熟练（习惯养成）—精通（本能反应）。

我们搭建的知识框架，只是初步了解这些知识，之后还需要制订行动计划，通过实践来掌握这些知识，并通过坚持行动来熟练掌握，最后产生本能的反应，也就是达到精通的程度。

了解知识只是第一步，这也就能够解释"为什么懂得了很多道理，仍然过不好这一生"。大多数人缺少持续的实践，把"我了解的"当成了"我精通的"，这种眼高手低的认识，导致了知识体系并没有发挥应有的作用。

而且，坚持实践甚至比知识的储备更加重要。

太阳底下无新鲜事，真相永远只有那么多。我们能够穷极一生坚持去做的事，也不会太多，但一旦做得足够扎实，就能举一反三达到融会贯通的地步。在我们不断地吸收知识的同时，还要试着去输出成可执行的行动计划，然后去行动，把知识真正吃透、理解透。

小松在最近几个月的学习和不断积累知识、经验的过程中，更加明显地感受到只有在这种前提下，所搭建的知识体系才能真正发挥高效杠杆的作用。知识管理对于小松来说，也成了一件越来越重要的事情。

学会学习：内外兼修，是高效学习的必经之路

转眼间又到了元旦，小松坚持晨起也有半年多的时间了，这段时间自己写了200多篇晨间日记，读了10本书，跑到了自己的300公里，自己在工作和个人成长多个领域的知识也在不断地学习和积累中。

小松在前一家公司的进步空间越来越小，为了更快地成长，接触更加优秀的团队，向更多优秀的朋友学习，小松换了一份工作，跳槽到一家平台更加优秀、发展空间更大的互联网企业，提前完成了加薪20%的目标。

进入新公司没多久，小松就明显感觉到这两家公司的差别。在这里，有很多名校毕业、有硕士学位、情商和智商各方面都很优秀的同事，他们刺激着小松要更加努力地成长。不过最近他有了新的苦恼：已经毕业快3年了，感觉自己的成长速度越来越慢。

工作陷入"三年之痒"，积累和契机是必需的

小松看到一个很有意思的说法：如果你让250年前的人穿越到现在，有很大的可能性，这个人会处于一个完全茫然的状态，甚至

会精神崩溃；但如果你让一个500年前的人穿越到250年前，可能他并不会觉察出太大的区别。

对于这个说法，相信我们都会有很明显的感受。近些年科技的发展速度越来越快，用日新月异来说也毫不为过。但这并不代表现代人的聪明才智有多么大的提升，因为人类的发展在漫长的文化和社会发展过程中，一直处于相对慢速的水平。在近些年随着长期的积累，以及科技瓶颈的突破，才发生了爆发式的加速。这个爆发如人类发展复利图所示（见图2），对应着一个大家熟悉的理论：复利的作用。

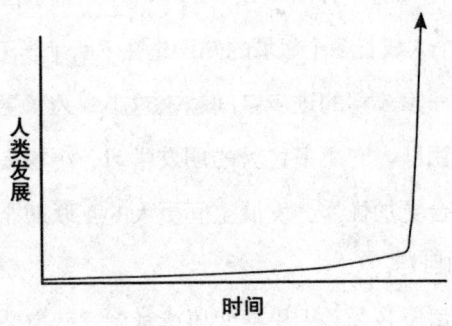

图2 人类发展复利图

从发展史来看，人类的发展符合复利的曲线。对于我们个人来说，细分到年的维度，也遵循这样一个复利的基本规律。小松在毕业前两年的时候，通过坚持学习，在初期获得了显著的进步，取得了一些成绩。

但当度过了初级阶段，进入了更加复杂的项目以及商业环境中时，原有的学习方法可以让他进入一个长期积累的阶段。但如果不能很快跳出旧有的思维，从更高的角度来看待工作的需求以及上下游业务的关系，就很可能陷入一个漫长的基础积累过程。在小松看来，长期的基础积累过程和突破量变到质变的契机，是两个不断地保持进步的基本过程。

要有长期坚持的积累，也要有突破瓶颈的加速度

在这方面，小松特意请教过杨小姐，她说自己最近也在坚持学习，并给他举了个例子，让他收获很大。

积极心理学之父马丁·塞利格曼的学生安吉拉·达克沃斯，曾经对很多有杰出成就的人进行过追踪和采访，这些研究让她最终确定：坚持是成功最为可靠的影响因子——在遇到挫折、失败时，仍能坚持不懈地朝着自己的目标努力，这才是决定长期成功的因素。

杨小姐说："很多人容易在坚持一段时间没有结果后，开始怀疑自己的目标、方法和动机，加上懒惰心理干扰，很容易就放弃了。坚持不是唯一的因素，但人的性格中不擅长延迟满足和习惯性懒惰的部分，导致坚持成了最容易被放弃的一个因素。"

小松深以为然。这半年多的晨起给他带来了很大的变化，这一切只是坚持一些最基本的任务和原则带来的结果。

虽然坚持很重要，但对于学习还有哪些影响效率的因素，小松也一直在思考。有一天在业余学习摄影课程的时候，他一直很佩服的摄影及后期领域大牛李涛老师，在分享如何更高效且正确地学习摄影后期时，提到了对多个领域都适用的学习四要素：

- 立意要高
- 问题要深
- 持续要久
- 涉猎要广

不论是这四要素中提到的用更高的视角纵观整个学习的主题和过程，不断进行深入的思考和论证，还是安吉拉·达克沃斯研究中提到的不断坚持，不断围绕中心发散，去了解更多相关领域的知识，都是整个学习过程中不可缺少的环节。

坚持很重要，也是最容易被忽略、最容易放弃的因素，但坚持并不意味着埋头在琐碎的细节里，它也需要抬头看路、把握方向。升级到更高的层次，要有足够多的积累，也要有一定的加速度，这个突破瓶颈的加速度就是量变到质变的契机。

突破的契机因人而异，有可能是不断思考和实践之后的某一个顿悟的瞬间，也可能是抓住身边的一个破局的机会。不论在艺术、科学或其他某个领域进行深入学习，基本的道理是不变的，了解最本质的方法和逻辑，才能持续高效的输入和输出，一通百通。

内外兼修，稳步提升的高效学习法

近两年，很多公司清楚认识到一味地开着飞机换引擎，并不能保证在未来5~10年持续的增长，他们开始强调修炼内功，甚至为此不惜放慢发展的脚步。短期来看，急刹车在一定程度上影响了公司的收入，却可以保证在未来可以走得更稳定、更长远。经营一家公司需要修炼内功，对于我们个人来说，也需要内外兼修。

随着互联网技术的发展越来越快，不论是技术岗位，还是产品、运营、市场、销售岗位，经常能看到很多有效且高效的新技术和方法的出现，进行越来越快的更新和迭代。

虽然经验不再像过去作为工作价值判断的唯一指标，老员工的不可替代性在减弱，但这并不意味着"低经验价值论"。把知识和新技术应用到工作和生活中，解决复杂的问题，离不开经验的指导，而且职场是一个社会型组织，所需要的不只是专业能力。我们的人脉资源、处理问题的经验、对职场生存法则的适应和了解，都是在工作中稳定且持续创造价值的保证。

我们在修炼内功时所建立的思维习惯、原则，以及在专业技能和实践经验方面的积累，可以保证你在工作还有生活这一场马拉松的后半程中有足够的体力超越一个又一个对手。

杨小姐很是认同这个观点，在她的建议下，小松在一个周末下午在附近找了一个咖啡馆，和她一起梳理除了学习的四要素之外，还有哪些方法可以辅助我们进行更高效的学习。

咖啡馆的环境很适合进行开放式讨论，小松和杨小姐先头脑风暴了自己学习时的经验，然后结合四要素，整理出了几个重要的学习原则。

1. 向优秀的人学习，用更高的标准要求自己

小松在养成清单习惯时，借鉴了杰克·多西的每日必做和不做清单，为了更好地理解清单背后的习惯和认知，他花时间了解了杰克·多西

的经历以及个人管理的原则，有了很大的收获。

在主要的领域，要有一个可以不断学习的对象，这个人可以是行业内的顶尖人才，可以是有着丰富实践经验的达人，也可以是在某个细分领域深耕的大牛。借鉴优秀的人如何思考、如何工作和学习，如何努力超越过去的自己，可以在很大程度上避免走弯路，也可以不断激励自己成为更优秀的人。

2. 坚持行动的积累，也要看清路

坚持行动是不断取得进步的前提，不过同时我们也要避免陷入琐碎的细节中，要从更结构化的层面来思考问题。具体的做法就是不断对自己的思考进行归类、总结，建立关于某个领域属于自己的思维结构。

3. 不断地思考、回顾和总结教训

行动之后会有结果，不论成功还是失败，我们都需要围绕结果不断进行思考，在挫折中总结教训，并且需要进行定期的回顾，总结经验并提炼出更加有用的方法。

4. 不断提出新的挑战，不断丰富知识体系

这一点最能分出差异。前期的积累和行动，可以让我们取得一定的成就，甚至在某个领域建立核心竞争力。但这并不意味着你可以在其他领域也获得同样的成绩，尤其是当我们的角色发生变化需要进行切换的时候。

这时候我们需要给自己提出更高的要求，不断丰富自己的知识体系。当我们能够把不同领域的底层思维融会贯通到一起，也就是

建立我们所说的"通感"的时候，会发现我们在很多领域都可以取得显著的进步。

现在不缺能够提供足够新、足够酷的方法的人，我们一不留神就会被淹没在新的方法和噱头中。因此去了解更加底层的思维、底层的认知，了解这些不会轻易更迭的方法，才会让我们的学习之路更加高效和有价值。

制订好了原则，接下来就开始行动。这次周末的头脑风暴对小松和杨小姐的帮助都很大，两人也约好了定期在咖啡馆聚一次，分享和验证近期在个人成长的习惯养成方面的经验和教训。

第二章
坚持自律：
与时间做朋友

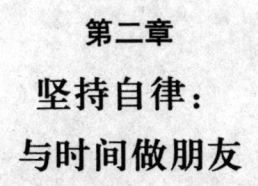

小松的成长之路：从内到外改变的开始

在实现一个个小目标的过程中，小松不断意识到自己的变化，这些变化有内在的变化，也有外在的变化，虽然都很微小，但都是切实发生的。

就像最初拿起相机时，透过取景器看到的世界。看似和肉眼看到的一样，但又有很多色彩、形状、光线上细微的差别。看风景未必每次都要安排一次旅程，平凡的生活中也有很多令人惊喜的瞬间。

就像跑步，看似枯燥的运动过程中的每一次呼吸、每一次抬腿，身体都有不同的感受和反馈，这种体验的获得，也因人而异。

每个人眼中的风景不同，感受自然也千差万别。哪怕是细微的差别，也让小松有了更多探索未知的好奇心及更多的动力去改变自己，去看更多不同的风景，去感受更多的不同。

重新正视自律：从自律到习惯，开启新的一年

来北京之后，时间过得越来越快，又到了一年的年关，老松下班后站在街边的天桥上，看看远处山间的夕阳和马路上的车水马龙，自然和城市在这一刻营造出了一种奇妙的和谐。这种和谐就像我们每个人的意识与潜意识、内在与外在、理想与现实在长期的碰撞和交融之后，达到的一种可以掌控的心如止水的状态。

对于老松，未来慢慢揭开了新的面纱，他感觉自己有了更强的信念和能力，去完成一些曾经停留在梦想中的更有价值的事情。

重新正视自律这件事

想起之前有一次过年，那是小松坚持晨起后的第一次春节。

在大年三十那天，小松在早上 6 点半准时醒来。在这样的清晨时分，大脑右半球通常很活跃，这意味着小松的思维处于一种自然的漫游状态，而非牢牢地聚焦于一件事。小松裹紧厚厚的衣服开始写晨间日记，随着身体和意识逐渐清醒，窗外微亮的天空和传来的鸟叫声，让意识有点发散的小松蹦出了一个想法：跑一次半马。

其实这并不是他第一次想参加半马,不过工作之外的时间他大部分都投入到了学习上面,只维持了一周3次、每次30分钟左右的慢跑计划。跑半马对自律提出了更高的要求。

小松想到之前一次午休和同事闲聊的时候,说到自己一直在坚持晨起和跑步。一个同事说:"我原本计划每周跑步4次,用半年的时间减重20斤,结果咬牙跑了一个月后就没坚持下来,结果到年底,体重还反弹了10斤。自律怎么这么难?"

另一个同事也开始抱怨:"我在年初制订了许许多多的计划——要求自己每天跑步5公里,看书1小时,写作1000字,按时学英语。时间也投入了,钱也花了不少,结果最后一件事也没坚持下来。付出这么多,忙活这么久,也没见效果,自律最后好像变成了没有价值的自虐!"

在小松看来,社会对自律有太多的误解,并不是说我靠着意志力去做一件不想做的事,忍受痛苦和煎熬之后,就应该获得好的结果。就像自己坚持晨起,并不是所有的好结果,都需要痛苦的付出。没有掌握正确方法的自律,有可能只是在浪费时间。

小松就这事也曾经请教过杨小姐。她说心理学上有一个"心理补偿"的概念,意思就是当有一件求而不得的事,我们会通过获得其他东西来进行补偿的心理。小松想起自己高考的时候,故意不吃饱饭饿着自己,因为当时觉得自己如果受了苦和折磨,考试成绩可能会更好,这就是一种心理补偿。有些人认为痛苦之后才会有回报,实际上,回报和痛苦并无直接关系,而是与你是否在正确的方向上付出、是否足够坚持有关。

小松眼里的自律,在初期更多是自我控制(习惯)和纪律(信念),而非痛苦地用意识去控制无意识。拿同事自律减肥这件事来说,大部分没有成功减掉体重的人,需要问自己几个问题:

- 是否真的考虑清楚减肥的原因了?是身体变差了?还是身材不好看?或者是其他原因?
- 是否以积极的态度来看待健身训练、跑步和控制饮食?
- 是否能在不放低要求的前提下,坚持承受这些痛苦?

大部分情况下,失败不只是毅力不足的问题,而在于并没有真正想清楚上面这几个问题。

美团 CEO 王兴曾说:"多数人为了逃避真正的思考可以做任何事情。"如果没有通过独立的思考修正自己的认知,以积极的态度面对现状,并主动思考解决方案,而只是希望熬过这些痛苦就能解决问题,其实也是一种补偿心理在作祟。

很多心理研究发现,意识的力量相对于潜意识没有任何优势,意志力也不是一个有效控制行为的工具。想控制自己的行为,需要通过正确看待要做的事情,并且通过一些技巧和行动来帮助自己加强控制力。很多情况下,技巧和行动的改变,先于自己态度和认识的变化。

对于小松来说,自律的目的也不是做成一件事,而是形成更加成熟的心智,通过养成习惯,学习到方法,不断突破自己未知的边界。让大部分人看来很痛苦的事情，比如晨起、控制饮食、在健身房挥汗如雨、每天阅读和写作……所有自律成习惯的事情，都变成一个有些痛苦但可以持续感受到快乐的过程。

小松的自律之路，从一个跑步目标开始

成功者有很多的品质，其中有一个是共有的，那就是自律。

作家严歌苓，每天会要求自己在固定的时间写作，因此她才创作出那么优秀的作品，成为好莱坞专业编剧。小松喜欢的作家村上春树，在《当我谈跑步时 我谈些什么》一书中说自己每天会慢跑10公里，会要求自己写作4~5小时，大概写完10页纸、4000字再去做其他的事情。

在大多数普通人的经历中，我们也能看到有些人比其他人更能通过自律来控制自己的行为。之前提到的自我控制（习惯）和纪律（信念），能够坚持下来的人通常比其他人有更好的坚持自律的习惯，这种习惯不是天生的，而是可以通过后天来培养的。

大部分人的习惯有两种，一种是在成年之前，受家庭教育和父母潜移默化的影响形成的，比如我们最初看待问题、思考问题和解决问题的习惯，饮食的习惯，社交的习惯等等，都有着原生家庭的影子。另一种是成年之后，受社会环境和自我要求影响而养成的习惯，比如我们如何处理工作和生活、处理同事关系、安排自己的业余时间等。

因为了解到这一点，小松从毕业进入社会就选择来北京，要求自己在更优秀且更有竞争力的环境中，通过重新养成习惯来改变自

己。晨起和清单习惯，就是一个良好的开始。

回到让小松有一些兴奋的事情：跑一次半马。虽然跑步基础不够的人去参加半马也能完赛，但对想要长期拥有半马能力的小松来说，长期坚持跑步不是一件轻松的事情，需要面对旧伤以及持续投入更多时间。但他仍想试一试。

回想起清明节第一天跑步的时候，每跑一步，他把凉风吸进肺部，就感觉火辣辣的，仿佛下一秒肺就要爆炸。第一天就这样坚持了 3 公里，然后不久他跑了第一个 5 公里，这半年多下来，跑步让小松更加清楚地认识到自己的边界和局限，并拥有了相信自己可以不断突破极限的信念。在跑步的帮助下，以前觉得很难达成的事情，包括坚持晨起、改善身体状态、加薪 20%，他都成功做到了。

跑步这件事不断地告诉小松，当身体感到疲惫的时候，咬牙撑住可以让自己跑到更远的地方。也让小松明白，重要的不是跑步成绩，而是一个小人物也可以通过自律养成习惯，不断突破自我，取得进步。

更高一些的目标，意味着更多的付出，以及对于自律更高的要求。在大年三十的这个早上，小松觉得自己准备好了。

从自律到习惯，才能去往更远的地方

人生仿佛就是一场好习惯与坏习惯的拉锯战，习惯让我们不用过多思考，简化行动步骤，让我们更有效率。把高效能的习惯坚持下来就意味着有机会踏上快车道。或者简单点说：没有什么比习惯的力量更强大，我们拥有怎样的习惯决定了我们会走向怎样的未来。

《习惯的力量》的作者查尔斯·都希格说："我们每天做的大部分选择可能会让人觉得是深思熟虑决策的结果，其实并非如此。人每天的活动中，有超过40%是习惯的产物，而不是自己主动的决定。"虽然每个习惯的影响相对来说比较小，但是随着时间的推移，这些习惯综合起来却对我们的健康、效率、个人经济安全以及幸福有着巨大的影响。

我们养成的习惯，会在不断的积累中锻炼心智，进而影响我们的判断和下意识的行动。养成一些好习惯，可以让自己更加高效地工作和生活，在潜移默化中发生改变。

窗外的天空已经亮起来了，写完晨间日记后，小松一直在考虑自律的事情，笔记本上满是内容。他站起来拉伸了一下身体，翻开笔记本新的一页，虽然去年思考过习惯背后的逻辑，但小松还是打算计划一下今年希望养成的习惯。

纵观时间维度，将计划简单分为年、月、周、日。对于正处于习惯养成阶段的小松来说，未来有很多意料之外的变化，所以他不打算把年度计划放到最重要的位置。相比而言，从周的维度入手，会更加符合现在的成长阶段。坚持了半年多的晨起和清单习惯，随着积累的不断增加，如果需要更进一步，则要进行一些调整。经过一些权衡，小松初步写下了打算在新的一年养成和继续坚持的3个习惯。

1. 每周回顾与计划

从周的维度，可以围绕目标对具体的行动计划进行更有针对性的指导。如果方向有问题或者没有按计划执行，都可以清晰地反映出来，并及时做出调整。

比如今年制订了坚持慢跑完成半马的计划，就可以在每周对完成情况进行一次统计和分析，如果因为懒惰没有坚持、跑得太多或者身体有伤病，都可以及时做出反馈，重新调整下周的具体任务。

另外，周的维度也适合通过回顾与计划的方式，进行经验的落地和沉淀。比如目前工作中的重点项目，遇到了什么问题，有什么经验输出，需要如何调整之后的计划，都可以在不断地反馈与积累中，得到越来越多的产出。量变达到质变之后，就会看到自己有一个大幅度的提升。

对于执行的时间，小松选择了每周日下午，花上2个小时，对这一周做一个系统的回顾。就像晨间日记一样，小松希望看到自己在思维和能力上的变化，而且这个变化可能会像滚雪球般越来越大。

2. 每日晨间日记

1的365次方是1，1.01的365次方约为37.8，0.99的365次方约为0.03，这就是简单的复利公式。每天完成一个小目标，与时间做朋友，累积365天。即便我们每天做的事都很普通，也要把普通的事坚持做下去，高效地去完成。日积月累会不断突破自己的边界，进入未知的领域，从而迸发巨大的"复利"能量。

小松坚持记晨间日记有半年多时间，这是一个可以让自己感受到复利魔力的习惯。每天坚持晨起，写一篇晨间日记，在每天与自己深层次的交流中，你会开始了解并掌控自己的情绪、自己的生活，最终可以掌控自我。

国内外很多研究证明，自我控制力是比智商更能决定一个人一生成就的因素，也是自律很重要的组成部分。想拥有自我控制力，就需要对自己有更加深入的了解和洞察，与自己进行坦诚地交流，才能面对真实的有亮点也有缺陷的自己。

写晨间日记的时间，通常整个人处于意识模糊和清醒的中间阶段，我们可以更容易发现潜意识中的想法，在更开放的状态下与自己进行对话。坦诚地面对真实的、值得肯定的、虚伪的、不自信的、被物欲操纵的、坚强的、无知的自己，这是自我控制的起点。晨间日记，在记录之外，可以提供这样一个与自己交流和和解的契机。

3. 每日任务和时间管理

对于小松来说，管理一天的任务和时间，是个有些陌生的领域。他现在主要使用简单的清单来进行工作项目管理，然而工作项目的复杂程度在增加，并且非工作项目需要在时间被分割的情况下保持持续的执行和跟进。在大脑无法同时记忆如此多需要跟进的事情和想法的情况下，为避免混乱、遗漏和解放大脑，就需要更加高效地处理每天的任务，或者说时间管理。

通过时间管理，我们可以了解自己是如何管理和执行每一个具体任务的，自己平时是如何思考、如何做选择的，从而调整下一步行动。养成分析问题、解决问题的好习惯，可以让我们更加从容地面对和解决遇到的问题，这就是不断成长的过程。

今年打算跑一次半马的目标，也可以作为一个项目，落地到周计划及每天任务的维度。我们只需要关注具体的执行计划，从而解放大脑，把精力投入到更有价值的思考和决策上面。

把自律和习惯结合到一起，可以更好地帮助自己。因为在小松看来，自律从来不是自虐，而是哪怕在自我怀疑和懒惰的状态下，也可以坚持做自己认为有价值的事。通过锻炼自己的心智、改变认知，从而让自己以更加积极的态度来面对要经历的痛苦、要解决的问题。真正的自律，可以让人感觉到自由，而不只是让人觉得在承受难以逃避的痛苦。

跟随"红绿灯"：处理复杂目标和习惯

自律的目的是解决问题，而不是承受痛苦

小松在踏上个人成长之路前，一直在和懒惰的、容易放弃的、爱拖延的自己做斗争。为了更好地帮助自己，他不断学习、阅读，不断理解"自律"这个词，并希望可以把对自律的理解，带入自己的日常行动中。

有人把自律当作做事的标准和要求，有人把自律当作习惯，也有人觉得自律是很痛苦的，一定要通过某种程度的虐待自己来获得回报。

现在大多数时候我们谈自律，是希望通过自律去实现目标。在中国传统文化中，自律的最高境界是出自《中庸》的"慎独"："莫见乎隐，莫显乎微，故君子慎其独也。"这教导人们在闲居独处无人监督之时，更须谨慎从事，自觉遵守各种道德准则。

传统文化中的自律，更贴近道德和内在修养的层面，是通过约束内心来控制自己在人前人后的言行举止。不过在现代生活中，我们作为被物质和大众欲望包裹的普通人，对自律的理解和期待首先体现在行为方面。比如，通过自律来提升学习的效率，通过自律来养成好习惯，通过自律来减肥，等等。

就像容易混淆手段和目标的区别一样，很多人对自律也有理解上的误区。比如有人说自律是自虐，是让你通过惩罚自己来获得自由；甚至有的人说，自律并不是让你达成目标的工具，而是让你更接近理想生活的状态。

斯科特·派克在《少有人走的路》里说："所谓的自律，就是主动要求自己以积极的态度去承受痛苦，解决问题。"

斯科特从认知和行动的层面，告诉我们自律是怎样一件事，以及要实现自律应有怎样的状态。如果拆开来看，实际上有4个步骤：主动要求、积极的态度、承受痛苦、解决问题。主动要求是认知修正之后的基础，积极的态度是必要条件，承受痛苦是改变自己要经历的过程，最终目的是解决问题。

我们对自律的误解，往往都在于没有正确或者完整理解这四个方面，只是把自律简单当成了一个解决问题的工具。

过年的时候，小松和一个朋友聊天，谈起朋友手下员工的一个问题：新入职了一个主管，能力不错，但经常因为心直口快得罪同事，所以最近他希望通过"自律"来改掉自己说话时嘴快过大脑的毛病，具体的做法是控制说话的欲望。

所以在开会时，经常能看见他的面部表情很扭曲，因为他在压制自己说话的冲动。一段时间之后，他的工作状态反而越来越不好，效率也越来越低。他说自己压制想说话的冲动很痛苦，本以为能够改善自己的问题，变成会沟通的人，却发现"自律"并没有帮到自己，反而让自己更痛苦了。

我们的内心渴望发生改变的同时，会产生强烈的内在驱动力，如果能通过积极的思考，做出行动的调整，会逐渐发现自己的成长。不过需要注意的是，改变势必伴随着一些心理和生理上的痛苦，但痛苦只是一个过程，不是目的，最终的目的是解决问题。如果混淆了自律的目的，会让我们难以找到正确的思考和行动的方法，也就不能帮助我们解决工作和生活中遇到的问题了。

这个故事能够帮助我们更好地理解自律的4个要素：

1. 主动要求

我们希望在某些领域成长，希望自己发生改变，是源自自己在考虑清楚之后的主动要求。这种要求越强烈，考虑得越清楚，就越能产生持续不断的内在驱动力。驱动力可以帮助我们在解决问题的过程中，在遇到问题、困难而停滞不前的时候，获得更多坚持走下去的动力。

如果一件事源自我们对自己的主动要求，那么就会觉得这件事更有意义。同样是基础的工作，领导安排你完成与你自己出于业务长期发展的考虑主动完成，二者带来的意义感和价值感是完全不同的。

同时，只有主动要求才能进行主动思考。当我们从责任人的角度来看待工作和生活中的问题时，对于解决整个问题的过程才能更有掌控力。

2. 积极的态度

哈佛大学很受欢迎的一门课——幸福课，帮助了很多人正确理解幸福，以及如何追求自己的幸福。讲师泰勒·本·沙哈尔被评为"哈佛最受欢迎的导师"，他是心理学硕士、哲学组织和行为学博士，他从积极心理学的角度，来解密如何获得幸福。

无独有偶，积极心理学之父马丁·塞利格曼把"满意的生活"和"快乐的情绪"当作幸福的核心内涵，并把"提高生活的满意度"定为积极心理学的目标。当我们能够以积极的态度来看待困难、挫折与失败，就能够坚持不懈地朝着目标努力，最终获得成功。

3. 承受痛苦

在坚持自律的过程中，我们经常会感到痛苦。有坚持运动时，生理上的痛苦；也有坚持晨起和学习时，对抗懒惰的心理上的痛苦。对于痛苦，我们习惯采取逃避的态度，试图通过躲避一切让自己感到痛苦的事情，来获得快乐和安全感。但事实往往相反，一味地远离痛苦，很容易让我们陷入更大的痛苦中。

就像很多人一样，以为痛苦＝成长，但痛苦本身不能带来成长，和成长有关的是痛苦背后在做的事。痛苦，意味着改变；改变，意味着行动和不安全感。"懒惰心理"恰恰最擅长不断阻挠我们走出舒适区，不让我们去做"危险"的行动，但痛苦同时也意味着成长和蜕变。绝大部分的成功，都是在忍受痛苦，用积极的态度来引导自己之后，坚持行动的结果。

4. 解决问题

我们在工作和生活中，其中一个核心的任务是不断地解决问题。对大部分问题来说，解决问题有两个重要的要素：思考和行动。当我们主动积极地思考，并坚持行动，就可以解决大部分的问题。

如果问题没有得到解决，要么是关于问题的思考不够，要么是行动的方向和方法有问题。自律的目的，也不是为了承受痛苦，而是通过不断地解决问题，达到满意的人生状态。

重新思考3个习惯，回归目标的解决之道

春节假期后，回到北京的第一个周六，小松约杨小姐在咖啡馆讨论关于3个习惯(前文76~79页内容)的问题。杨小姐在假期整理的年度计划中也有关于习惯的内容，两人很快收拾好东西，来到了咖啡馆。

节后咖啡馆的生意还没恢复正常，只有老板一个人在悠闲地看书，两人和老板打了个招呼，点了咖啡便坐在了靠窗的位子。小松首先分享了自己去年坚持晨起和清单习惯之后的一些收获。

去年只做一个重要小目标的最大价值：未必要有一个宏大的规划和厉害的方法，先从一件事做起，坚持去做，不断做到更好，做到极致。见微知著，做其他事情的阻力会减少很多。小目标的要义并不在于完成当下对自己最重要的任务，而是通过在这件事上持续打磨、不断地思考和改进，让自己对事物的基本规律、对自己的认知和行为习惯有更加清楚的认识，并能在不断地行动和调整中，找到适合自己的方法，养成良好的思维和行动的习惯。

小松又聊了聊自己打算在新的一年养成的 3 个习惯：每周的回顾和计划，周日下午投入 2~3 个小时完成；写晨间日记，晨间日记是伴随自己的重要的小目标，也是一直在坚持做的事情；每日的任务和时间管理，是一个新的挑战。

最开始坚持的晨起，让小松对自己变化的感知，已经刻在身体的记忆里了。不论是新的每周回顾和计划，还是每日的任务和时间管理，小松在想是否可以用之前的方法开始尝试。

小松越说语速越快，也越说越兴奋，可看着杨小姐的眉头越皱越紧，小松没有再继续讲下去。杨小姐停下一直在写写画画的笔，讲了自己的看法：这 3 个习惯看起来可以区分开，但似乎有一种内在的逻辑没有被发掘出来。

这样容易导致一个问题：一个习惯是相对容易坚持和执行的，而当希望养成多个习惯时，需要付出的精力并不是单个习惯所需精力的简单叠加。逐渐复杂的过程，也可能是成倍增加难度的过程。处理不好复杂的状况，往往会导致失败。

积极心理学的先驱之一米哈里·契克森米哈赖在《心流》一书中提到了精神熵的概念：当资讯对意识的目标构成威胁时，就会发生内在失序的现象。

资讯是我们接收到的所有内在和外在的信息：我们需要做越来越多的事情，我们每天接收大量的外部信息，我们内心层出不穷的想法……如果没有对这些资讯进行很好的管理，它们就会失去控制。精神熵的负面影响会极大地消耗我们的精力，也会让我们的计划功亏一篑。

对抗精神熵是必要的，因为每个人主动或被动成长的过程，是一个逐渐变得复杂的过程，从一个人进入社会为了目标努力，到组成家庭为人父母，我们的生理机能逐渐下降，我们所处的环境和社会关系越来越复杂。面对问题时，我们需要建立能够应对复杂状态的体系。

杨小姐接着引用了米哈里的一句话：一个复杂的引擎，不但有许多零部件发挥不同的功能，也因为各个零部件之间的衔接而具有高感应性。不经整合的独特化，会导致系统一片混乱。

最后，杨小姐说自己目前不论是打算养成的习惯，还是要做的事情，也都面临这个问题。这次的讨论好像陷入了一个困境，小松靠在椅子上，看窗外车水马龙的十字路口，有走路的行人、骑车的老人，也有绵绵不断的车流，虽然看起来很乱，但在红绿灯的指引下，秩序井然。

小松好像想起了什么，在纸上把自己要做的事情一一梳理出来，把同类的单个任务合并到一起，像跑步这种需要多方面进行处理的任务单独列出来，按照时间、场景、领域进行了排列组合，试图找到一种能够建立秩序的方法。

最后他发现之前陷入了一个误区，不论是任务和时间管理，还是周回顾计划、晨起、清单习惯等等，都是具体的手段，需要从属于具体的目标才有存在的价值。小松和杨小姐之前被复杂的情况搅乱了秩序，现在要做的不是停留在十字路口，而是跟随红绿灯的指引，走向更远的地方。

向"十字路口"和"红绿灯"学习建立目标和习惯体系

一旦梳理清楚思路,接下来的工作就清晰了很多,小松和杨小姐很快把自己的目标进行了调整,并制订了"红绿灯"习惯体系。

根据去年的积累,新的一年里,小松的 3 个重要目标是:

- 升职为主管,加薪 30%。
- 营销和个人成长主题研究,通过写作输出 12 篇文章。
- 每月坚持慢跑 40 公里,参加一次半马比赛。

目标需要具体执行的行动计划。为了保证目标达成,需要保证自律的状态,养成适当的习惯,坚持回顾和对计划进行适时地调整。就像十字路口的红绿灯一样,有明确的规则,指引每个行动秩序井然地向前推动。

十字路口的"红绿灯"习惯体系

- 坚持每日任务和时间管理(包括晨起计划、项目清单计划、跑步计划)。
- 坚持每周回顾与计划(回顾本周的重点项目和思考,制订下周行动计划)。

虽然目前只是建立了大致的框架,但走向目标的路基和红绿灯已经搭建好了,接下来要做的就是铺设一条条可以通向目标的道路,以及在路口设立红绿灯的规则。比如升职主管需要具备哪些能力、哪些重要项目的积累,该如何达成;比如该如何制订跑步训练计划等等。这些都将在每周的回顾和计划中,在每天的习惯和任务中,一步步达成。

学会断舍离：与自己和解，坚持做减法

　　周六的讨论之后，小松迅速制定了针对3个目标的行动计划，不过在执行一段时间之后，他发现了一些问题：个人行动计划的执行情况与近期公司的工作安排有很大的关系，工作任务繁重的时候，只能利用休息的时间来执行个人行动计划。

　　一段时间下来，心理压力很大，整个人也越来越焦虑，眼看着计划不能坚持下去了。小松某天和同事一起吃午饭闲聊，同事心情看起来有些沉重，他说自己的老同学因为工作压力大、心理负担过重，突发了心脏病，好在送医抢救及时，不然后果不堪设想。

　　小松身边也有类似的事情。尤其在工作和生活压力大的中年人群体中，因为不能调整好心理状态而出现问题的情况时有发生。

　　在上大学和刚毕业的那段时间，内在自我和外部环境之间的冲突，让小松有很长一段时间在与自己的心理问题做抗争，当时内心充满了压抑和冲突，整段时期的记忆是一片空白。用了几年时间与自己相处、和解后，他才逐渐走了出来，自己的内心也因此变得更强大。从那之后，小松就明白：我们需要接受真实的自己，与其相处和交流，学会把脑子和身体里的垃圾清理出来，让自己

清零，只有这样，才能在面对工作和生活时轻装上阵。

直到现在，小松仍对当时自己从内心和外部冲突中走出去，整个人重获新生的感觉，记忆深刻。

学会做减法，让自己清零

小松在最近一年开始实践的个人管理，是一直在做加法的过程：不断更新认知，积累更多的技能，选择更有挑战的工作。

整个过程是顺应从简单到复杂的自然规律的，但是在坚持学习和进化、处理各种棘手问题的同时，也能感觉到背负的东西越来越多，越来越难以像初入职场时，充满兴奋和期待地度过每一天。

李笑来在《新生：7年就是一辈子》中说："我们就好像计算机一样，通过不断修正、升级思维方式与方法论来更新我们自己的操作系统，与计算机不一样的是，我们甚至可以升级自己的硬件。"

我们可以通过更新自己的认知来给操作系统打补丁，在一段时间的积累之后升级一次系统，也可以在不断升级之后更新自己的硬件。每一次升级系统和更新硬件的过程，也是一次对过去的冗余清零的过程。

删减让我们陷入混乱的不必要的思绪和任务，接受现状，努力把过去的自己清零，让自己完完全全适应新的阶段，这样才能轻装简行，重新出发，迎向下一个7年。

处理好情绪和压力，用习惯帮助自己清理垃圾

小松在执行计划的过程中，逐渐养成了一些习惯帮助自己做减法。每天进行任务和时间管理的时候，把今天新收到的任务重新组织，清空收件箱，并做好第二天的行动规划。

当大脑中有太多的任务、太多的欲望、太多未完成的事所带来的焦虑时，我们就很难去做有创造力的事情，也难以高效地做事。

每周日下午，做一个周回顾，除了总结一下本周完成的事情，也可以把这一周的工作和生活产生的垃圾处理掉，以全新的状态来面对下一周的工作和生活。

把脑子里所有的想法，让自己兴奋的、感到压力的、迷茫的想法都写到纸上，几次过后，就会发现大脑越来越轻松，不再因为需要记忆大量的信息和面对不可控的未知状况而产生焦虑。

整理自己想法的过程，也是清理大脑的过程。哪怕是把手机的程序全部关闭，把办公桌整理干净，把房间收拾一遍，也是对自己的一个暗示：我是一个有条理的、可以掌控的、可以让自己恢复心如止水状态的人。

小松有一周因工作压力过大导致情绪不太稳定，周日在做周回顾的时候，突然脑中闪过一个念头，仿佛全身的毛孔都打开了，然后写下这一段话：

我们身边每天发生的事情有好有坏，无法完全干预、改变，自己如何看这件事很重要。一念悲，一念喜，一念风起云涌晴空万里，一念大雨滂沱乌云满天，念起念灭，世界即是我，我即是世界。人

也如世界一样，有阴晴圆缺，一切都是自然变化，听之任之，观之念之。

看起来很玄学的一段话，是小松当时最真实的感受。对于成年人来说，可以用一些常用的技巧和成熟的心态，来控制这些繁杂的事情，或者提升自己操作系统的储存空间和运行速度，从而可以存放更多不同领域、不同状况下的问题和想法。

我们的身体会特别敏感地察觉到情绪和压力，当你发现情绪阻塞在身体里的时候，你会意识到，压抑并不是一个很好的解决办法，只有让情绪、压力自如地流动起来，才能以更好的状态来面对要解决的问题。

未必每天下班后都要在车里坐半个小时才能放松，未必要把所有的压力都抗在身上一言不发，对于负面情绪和生活压力，我们越想抗争就越辛苦，要学会接受并让它们自如地流动起来。

定期做减法，重新出发

《断舍离》的作者山下英子说："从加法生活转向减法生活很重要，并不是心灵改变了行动，而是行动带来了心灵的变化。"

断舍离的定义是：断绝想要进入自己家的不需要的东西，舍弃家里到处泛滥的破烂，脱离对物品的执念，让自己处于心如止水的状态。

在现在的社会环境中，做到这一点很难。断舍离的主角是自己，而不是物品。我们需要与物品进行断舍离，也需要与自己的情绪以及压力进行断舍离。

活在当下，学会自我觉察，这很难，但很值得去做。逃避现实的人、执着于过去的人、担忧未来的人，这3种人不喜欢舍弃东西，也不善于进行自我觉察，清空自己。

佛学中经常说，要觉察自己的心理变化，觉察自己说的每一句话。关注自己的每一个情绪、关注自己的行动，对于没有这个习惯的人来说挺难的。人性本来就抗拒承担让自己改变的事情。欧洲工商管理学院（INSEAD）的保罗·埃文斯教授一语道破："人不是不喜欢变化，而是讨厌自己被改变。"

孔子说的"每日三省吾身"，大部分人很难做到，最多在完成一件重要的事情之后，做反思或者总结。但在重要的时刻，觉察自己的情绪、行动，是能够让自己做减法的第一步。

小松公司有个同事，人很善良，但情绪容易激动。她说自己情绪暴躁时，整个人好像突然失去了控制力，越告诉自己要克制越控制不住。她尝试压制自己的情绪，一段时间之后整个人反而无精打采的。

后来她开始接受自己容易情绪激动的问题，每次暴躁的时候，仔细感受情绪从出现到消失的过程。慢慢地她可以在失控前觉察到自己当下的状态，是自大的、谦逊的、浮躁的、委屈的，还是说身体疲惫需要休息了。对当下自己的情绪有了更加清楚的认识，了解了哪些是不利的，哪些是有利的，才能更好地控制自己，最终能有意识地去做减法，把情绪疏导出去。

学会做减法，排除不好的情绪、念头，只关注最有价值、最重要的事情，才可以更好地投入到工作和生活中去，这也是能够更加高效且自律地工作和生活的基础。

整理自己的习惯，让定期做减法更有仪式感

在如今高压力的工作和生活状态下，每个人都需要有一段与自己相处的时光，比如在早上晨起、晚上睡前，甚至是每天坐在马桶上的时间，让自己安静下来，在放松的状态下做一些事情，疏解一些压力。习惯是用最低成本坚持做事的方法。一个好的习惯，坚持下去会有巨大的复利的作用。

小松现在坚持的几个习惯有晨间仪式、睡前每天的任务和时间管理、周回顾与计划。除去阅读和写作的任务，每周大概需要投入3个小时，差不多等于很多人每天无意识中刷手机的时间。

1. 周回顾与计划

年度计划可以让自己以年的维度，决定今年要做哪些改变，养成哪些习惯。比如每天冥想15分钟、控制好每天的情绪和想法等。

很多人可能都有过类似的经历：处理完手头所有的工作，大脑完全放松、全身放松。只是现在很多时候，我们把这种体验的获得寄托在周末的休息、每年的旅行、香烟和酒精中。

对于小松来说，年度计划还需要更多的积累，现在他会把更多精力投入到周回顾与计划中。周回顾与计划，可以让我们每周有一个与自己相处的时间，把所有繁杂的想法和任务一一写出来，

一个一个做好安排和规划，"做事靠系统、无事一身轻"是一种非常愉悦的体验。小松也整理了自己周回顾的任务清单。

- 准备周回顾，洗手，摆好茶水，关闭手机网络，深呼吸仪式30秒。
- 整理印象笔记和个人任务Inbox（邮件），清空手机的备份照片，清空QQ邮箱，清空印象笔记里收藏的微信文章。
- 静思未放入Inbox的任务，确保把脑袋里的想法清空。
- 检查项目清单，目前进度如何？是否需要细化和调整？
- 查看本周的晨起日记，整理到周回顾中。
- 检查本周的阅读情况。
- 找出3件本周已完成的工作和生活的重要事项进行思考总结。
- 安排下周需要提前准备的行动计划，制订工作和个人的MIT[1]，断舍离式整理房间，整理下周要穿的衣服，保持干净清爽。

2. 晨起的仪式

我们的身体拥有自动修复和调整的能力，比如当你早起呼吸新鲜空气的时候，当你运动完大汗淋漓全身舒畅的时候，都有舒缓情绪和压力的效果。

- 6:30~6:45　起床，洗漱，喝一杯温水。
- 6:45~7:00　晨间日记。

---

1. MIT：most important thing，先做最重要的事情，也就是"大石头理论"。

- 7:00~8:30　　阅读写作70分钟，然后吃早饭或者阅读30分钟，慢跑拉伸40分钟后吃早饭。
- 8:30　　　　收拾东西去上班。

回想学生时代令人感到幸福的晨起经历，大部分都是去做喜欢的事情，去旅行、迎接假期等等。小松也喜欢早上这段没有外部干扰的时间，可以提前让自己做好面对一天工作和生活的准备，不会为这一天的工作和生活如何开展而焦虑，也可以更快地进入工作节奏，大大提升效率。

3. 每天的任务和时间管理，让一切落地

任务和时间管理，可以让人有条不紊地落实多个领域的事项。大脑不会因为事情过多而混乱，因为你知道所有的事情都已经妥善安排好了，只需要专注于当下要做的事情就可以了。就像小松可以在繁忙的工作之余，备战马拉松，坚持晨起、阅读和写作。

把所有的任务分为项目清单和行动计划，每天按规划去执行任务，把更多的时间和精力放在有创造力的事情上。

- 21:30之前　　在回家路上阅读微信公众号推送或Ireader阅读器上订阅的文章。
- 21:30~22:30　回顾每日清单，检查任务完成情况和时间记录，做当日回顾，安排次日工作。
- 22:30~23:00　根据兴趣放松一下，喝牛奶，洗脸刷牙，睡觉。

利用我们的习惯，每天/每周审视需要我们关注的项目和任务，以要事优先为原则，不断地修补漏洞、升级系统。积累到一定程度，就会发现自己发生了极大的改变。

"傻不认输"地向前冲：找到确定性

小松最近参加了一次公司的培训，部门的一位看似柔弱的女同事讲到自己一直在为攀登珠峰做准备，虽然还未登上珠峰，但从一个登山小白到不断挑战一座又一座山峰的过程中，她的收获比最初预期的要多得多——更多元化的人际关系、更大的勇气以及比目标更重要的、不认输向前冲的信念。

她讲到了在登山的过程中，一个很重要的感受：即便出发前做了很充分的准备工作，但由于天气之类的不可控因素，会不断有新的状况出现，需要时刻做好准备——从高度的不确定性中寻找确定性，"傻不认输"地向前冲。不只是个人，对于企业来说，找出不确定性中的确定性很重要，只有基于具备确定性的现状，企业对于未来所做的决策和判断，才更准确且高效。

于小松而言，女同事的分享让他有了一些新的认识。对于充满不确定的现状及工作和生活中很多猝不及防的变化，该如何面对？能否像为了攀登珠峰一直不断挑战的同事一样，"傻不认输"地向前冲？

该怎样理解不确定性背后的确定性

确定性和不确定性，是和时间强关联的。时间作为客观存在的事物，就像过往亿万年所做的一样，一直在客观地看待所有永恒的和瞬间的变化。木心先生在诗歌《从前慢》中写道："从前的日色变得慢，车、马、邮件都慢，一生只够爱一个人。"

这首诗被编曲传唱出来之后，因为记忆、遗憾、怀念而感动了很多互联网信息和科技革命之后，长期被不稳定感包围的一类人。换句话说，人们之所以被不稳定感影响，正是因为这种被放大的不确定性，带来了强烈的不安全感。而人们所追逐的确定性，正是一种安全感。

这样来看，似乎好理解了一些。人类在进化的过程中，一直在寻求当下的安全感，以前是温饱之类的基本生存条件，现在是继基础需求之后的归属和自我实现的安全感。而不确定性会打破这种安全感，所以人类在文明发展的过程中，有很多像是划分领地、建造房屋、种植植物、饲养动物和传承文化等一类行为。人类一直在做的一件事是：寻找确定性（安全感）。

寻找确定性的动力存在于我们的基因中，在长久的发展和进化之后，不断刺激和影响我们。

1. 不确定性源于确定性

理解不确定性和确定性，首先要了解，我们身边的所有事物都是在不断变化的。从宏观的角度来说，宇宙是在宇宙时间的尺度上不断膨胀和坍塌。从微观的角度看，我们人类的发展，每个个体从出生、成长到老去，每个组织的变迁和兴衰更替，每个细胞的新陈代谢，我们每一刻的思考，都是不断在变化的。

我们的变化源于前一刻的不变，我们的新生源于前一刻的老去，我们的不确定性源于前一个状态的确定性。我们所理解的确定性和不确定性，也是在目前某一个衡量标准的相对前提之下的。

如果换一个角度或者标准，会更容易发现和理解这种变化。举个例子，近些年给生活带来最大影响的是互联网科技。我们以前是书信时代，笔和纸是表达想法、情感和传递信息的工具；到了互联网信息时代，从前的信息工具被手机、邮件、微信替代了，我们可以更加快速地传输信息和知识。以前信息的不确定性如今被快速地确定，而且效率和规模都呈现指数型的增长。甚至我们开始苦恼传递的信息太多而且太快，以至于需要花费大量的时间和精力来处理。

这也是关于信息传递的确定性和不确定性的一次更迭。类似的还有上一辈认为的体制内单位是"铁饭碗"，近几年很多年轻人跳出圈子去追求不同的发展机会，相信过几年，不确定性带来的不安全感，又会让很多人对体制内单位的确定性充满期待。

2. 我们所认为的确定性，是思维定式，还是真相？

理解了确定性和不确定性本身是相互存在和推动的，可以更好地指导我们后续的行动。基于的信息越准确、越全面，我们的决策也就能越正确、越高效。

但关于确定性，我们容易陷入的一个误区是理解偏差，也就是把惯性思维或其他的干扰信息误以为是确定性的真相。

一个聋哑人到商店买一把剪刀,他用手指向店员比画了剪刀的形状;那么一个盲人去买一个榔头,他会怎么做呢?很多人会说,用手比画榔头的形状。其实盲人直接跟店员讲话就可以了。

这是一个简单又好玩的惯性思维的例子。有很多我们认为确定的事情,实际上有很大的漏洞,如果以此作为判断的基础,往往很容易做出错误的判断。所以我们要正确理解确定性和不确定性的关系,也要能够避免因确定性陷入误区。

如何从不确定性中找到确定性

熟悉的事物带来确定性,陌生的事物带来不确定性。当我们能够从熟悉的事物中发现未知的趋势,并能据此做出判断和决策,就可能会带来全然不同的结果。

小松在最开始尝试晨起的时候,经常有一种不确定性带来的不安:为什么自己要去做这样一个很少人会去做的尝试,这样会有一个理想的结果吗?

我们习惯于在安全的环境下,做熟悉的事情,而不愿跳出既有的舒适区,去做有风险的尝试,这是人的惯性思维。如果能一直幸福又快乐地待在舒适区,是很幸运的一件事。如果想做一些更有风险和挑战的事情,会很困难,但也会有机会看到不同的风景。

在充满不确定性的环境中,想要从不确定性中找到确定性,有一些方法可以更好地帮助我们。

1. 不断思考，逆向思维，寻找认知的"漏洞"

我们对于不确定性的事物，都习惯关联到熟悉的事物上，然后拿既有的经验和习惯来处理充满不确定性的情况。在处理经验型项目时，这种方法很适用；但在知识型项目中，当面临更多涌入的信息和可能性时，需要进行更加深入的思考。除了按照逻辑思维进行分解、组织和重组外，也可以跳出现有的逻辑框架，尝试从不同的方面，甚至逆向的角度来进行思考。不断地思考，穷尽可能性，找出能突破的方向。

常规的思维方法和处事习惯可以帮助我们更好地提升思考和执行的效率，逆向思维可以帮助我们破局。

2. 不断提出新的挑战，突破现有认知和能力的边界

小松最初跑步的时候，最初的目标是从 0 到可以跑完 5 公里，坚持跑了一段时间后，觉得达成目标了，于是便尝试跑 10 公里。但他发现这 10 公里，并不是 5 公里加 5 公里，而是一种完全不同的体验。小松想，当自己跑完 21 公里，甚至 42 公里的时候，应该又会到一个新的层面吧。

就像看惯了家乡秀美的小河小溪，走出去看到更壮阔的湖泊时，那种与众不同的视角和收获，会永久地刻在记忆中。

当处于确定的环境和状态时，给自己提出新的挑战，可以突破现有认知的边界，看待事物会产生全然不同的感觉。不断锻炼自己在熟悉中发现不同的能力，即便不能从大趋势上找到确定性，也可以从身边最日常的不确定性中，发现确定性。

3．尊重基本规律和真相，顺势而为

保持逆向思维和不断挑战自己，都是在了解了确定性的基本规律之后，做出顺应趋势的改变。而不是在没有了解自己要做的事情，在行业的积累不够多、思考不够深入的时候，贸然进入新的领域。

如果有试错的成本和机会还好，如果没有，很容易让自己陷入进退两难的境地。

从不确定性中找到确定性，需要坚持逆向思维，不断突破现有边界，并能发现其中的基本规律，最后顺势而为。

这其实并不容易，需要持续的努力和投入，在关注的领域钻研得足够深入。而且发现确定性只是第一步，后面需要能够落实到行动中，直至养成习惯改变自己。小松有时候觉得这样要求自己，这样做事情又累又可怕。他也一直在思考，为什么会有一种人，总想不断突破、不断挑战新的边界？

他们可能有太多想看的风景，可能对自身有太多的好奇，希望潜力被挖掘出来，也可能不论是生活还是生存，他们有太多的问题无法逃避，要一个个去解决。

小松想起了一句话：恐惧是一种病，披荆斩棘是药。

学会反省：不要重复"行动式"生活

为什么总是半途而废

小松打算在下半年跑一次半马，前3个月的跑步计划很简单：工作日保持2~3次每次5公里的训练，周末跑一次8~10公里，每次跑完做5~15分钟的拉伸运动。在开始执行跑步计划之后，小松周末经常会去奥林匹克森林公园慢跑，也会在朋友圈更新动态，记录自己的跑步历程。

有一个周末，杨小姐也想一起去奥森跑步。她说对于跑步这件事自己总是半途而废，希望小松这个标杆可以带动她一下。她每次非常有动力地打算去跑步，刚开始时内心充满了可以完成这件事的喜悦，可没坚持几次，那股劲仿佛就没了，再隔一段时间反而开始抗拒这件事，最后也不知道什么原因就坚持不下去，放弃了。

这种情况，小松在刚毕业的时候也经常遇到。整整一年时间，一直陷在"做计划—坚持执行—计划失败"的循环中。不论是工作还是生活，尝试了很多的计划，但大部分都以失败告终。后来经过一段时间的思考，小松意识到自己行动很多，但反省很少。就如

《斜杠青年》的作者 Susan Kuang（邝苏珊，音译）说的，"进行的是'行动式'生活，缺失了'反省式'生活的部分"。

对杨小姐这种执行力强的人来说，他们会迅速开始和推进行动，但在不断尝试的过程中，如果没有目标以及反省执行中获得的经验，就很容易失去持续的动力。小松毕业时经常犯的一个错误是混淆了目标和行动的区别，单纯的行动≠目标的实现，后者需要围绕目标坚持行动，并及时调整行动。

比如我们打算利用晨起的时间来进行某一个专题内容的写作，那么晨起只是一个手段，坚持并不能让你实现完成专题内容的目标。

我们的大脑在长期进化的过程中，一直保留着"省力原则"：为减少能量消耗，尽量避免进行大量的思考。这就容易陷入"行动式"的误区：把手段当成目标。如果只顾着行动，而没有反省、调整，哪怕手段再高明，执行到极致，也未必能带来期望的结果。自然就容易半途而废。

小松对杨小姐说："我们要有主动反省的意识和习惯，定期问自己一些问题——我现在行动的结果，是离目标更近了还是更远了？这个目标对我还是最重要吗？我希望从实现目标的过程中得到什么？"

不断问自己问题的过程，也是不断了解内心真实感受的过程，我们只有更加清晰地了解了目标的价值，清楚什么是最重要的事情，才能保持不断前进的趋势。

小松尝试了一年多才意识到这个问题，之后做了两件事来调整：

- 从当时觉得最重要的一件事开始做起，在2~3个月的时间里，排除干扰，专心做一件事。哪怕在严重怀疑自己是否能完成的时候，只要想着坚持就好了。

- 在每日/每周的任务中，添加反省的部分，不断思考目前的进度，积累收获与失败的经验。

不知不觉中，两人跑完了一圈5公里的路程，杨小姐没想到自己能坚持下来。小松在补充水分的间隙说："我们每个人的时间和精力是有限的，但想做的事又太多。'行动式＋反省式'，让我们能专注最重要的事情，这样才能围绕目标坚持行动，不至于半途而废。"

避免陷入大脑和身体的误区，主动把握成长的方向

虽然身体发出了疲惫的信号，小松依旧打算再跑一圈。除了前面提到的大脑的"省力原则"，我们的身体也会经常"欺骗"自己，其中一个很大的谎言是：我太难了，我太累了，我不想行动，只想好好休息一下。

真正能把某件事做到极致并取得成功的人，都会暂时性屏蔽大脑和身体的"请求"，让自己再坚持一下，再多"压榨"自己一些。

用信念引导行动，而不是单纯听从身体的声音。NBA球员"小皇帝"勒布朗·詹姆斯，作为"03白金一代"[1]的领军人物，在

---

1. 03白金一代：参加2003年NBA选秀的NBA球星中，出现了8名全明星球员，是当时NBA联盟的中流砥柱。其中最具代表性的是"小皇帝"勒布朗·詹姆斯、"闪电侠"德怀恩·韦德、"龙王"克里斯·波什和"甜瓜"卡梅隆·安东尼等。

2016年依旧保持着极高水平的职业竞技状态。当然，其中有天赋的因素，但更多的，是要求自己不断突破极限的信念。

每到休赛季，都能看到詹姆斯进行封闭式训练的照片，精益求精地进行每一次投篮和力量训练，不断挑战自己的不足。有人问他："你为什么这么辛苦地训练，一直坚持下去的理由是什么？"他说："你就像在问我明天会不会呼吸一样。"

小松相信詹姆斯可以很轻松地屏蔽身体和大脑的声音，坚持按照严格的训练标准进行训练，所以即便他现在已经30多岁了，依旧是联盟最顶尖的球员。体育圈类似的例子还有很多，比如"越老越妖越高效"的C罗，他一直坚持严苛的饮食和训练计划，在休赛期也从不放松。

这些人的优秀已经超越了天赋本身，在与身体本能的较量中不断胜出，凭借非同一般的努力和信念，成为这个星球上最优秀的人之一。

对于大多数人来说，很多情况下他们都选择了听从身体的声音："我好累，得玩会手机休息一下。""最近太辛苦了，我得去吃顿火锅。""忙了一周，周五晚上去KTV，不醉不归。"无意识中选择的放松方式，其实是更加消耗能量的玩手机、熬夜、暴饮暴食。

我们的身体在这样的习惯下，学会了欺骗自己。一下班就浑身无力只想躺在沙发上，周末本应该好好休息，结果比平时上班还累。并非说我们不需要这样的调整，但这不应该是常态，也不是正确的休息方式。

1. 在身体或者大脑发出信号时，问自己一个问题

在身体告诉自己要做某件事的时候，问自己："是否真的需要放下原本计划做的事，休息一下？"

在农业社会之后，我们的作息和思维习惯，被现在的工作模式完全改变了。但我们的身体和大脑，并没有进化到完美匹配目前社会结构和商业市场环境的状态。

不论是身体发出的疲惫信号，还是大脑告诉你要节省能量，本质上都是潜意识在影响我们做判断和决策。在如何让自己自律的方法中，有一个概念是延迟满足，意思是延迟对身体或者大脑的信号做出反应。

先停一下，试着去按照计划做事情：尝试看今天计划阅读的书、推进计划中的工作。因为当我们还不能游刃有余地感知自己的需求时，先执行、再决策是一个不错的方法。

如果确实感觉到疲惫，就去休息一下。但这是你的主动决策，而不是简单听从身体声音的应激反应。当自己的认知可以识别和屏蔽无效的信号，准确感知身体和大脑的需求时，就可以合理地对身体的信号做出反应。

2. 拼命工作和拼命休息？选择更合理的节奏

小松有一个朋友，周一上班的时候说周末太累了，原来他晚上熬夜玩游戏，第二天中午醒了吃个饭，玩一会儿手机继续睡，整个周末基本上都在床上躺着。原本想趁周末放松放松，结果比上班还累。

职场人容易陷入的另外一个误区是：拼命工作＋拼命休息。有时候我们是身不由己，但一定有可控的范围。

在工作和生活中都有边际成本效应，当你工作的时间越久，工作效能就越低。同样的，现代人更多的消耗和压力，是来自脑力层面，你想通过放纵来缓解紧张的情绪和压力，反而会造成许多不可逆的伤害。

打游戏、刷手机，周五下班后参加朋友间的聚会，都是休闲的方式，但不是休息的方式。在工作和生活中，只有找到适合自己的休闲和休息的节奏，才能劳逸集合，获得更快的成长和提升。

3. 坚持行动的核心，是不断加强的信念

相比开始一个行动，坚持行动的难度大大提升。其中一部分原因是没有获得持续的激励，另一部分原因是从行动层面放松了对自己的要求。

如果我们想坚持行动，就需要不断加强对该行动带来的价值的理解，不断夯实自己最初开始并想坚持下去的信念，并通过一些工具和方法减少执行的阻碍。不论在哪个行业或领域，坚持是获得成功最基础的要求，也是一条必须要走的路。

在行动中不断反省，快速明确并坚持解决问题

半途而废的人，往往忘记了自己最初的信念，也不知道该如何调整行动。导致要么三天打鱼、两天晒网，要么像打了"鸡血"一样，坚持一段时间就彻底放弃了。

对于一个长期任务来说，我们的行动不应该是一成不变的，而是需要不断地对其进行修正和调整。

就像在互联网行业，一个产品上线初期往往功能不完善、漏洞较多，需要不断地围绕核心的业务价值点，进行优化和调整，不断地更新迭代，才能提供更加完善的用户体验。

1. 在行动中不断反省，了解事物的底层规律

行动不是一成不变的，我们的工作和生活充满了变数，所以就需要不断地调整行动的方向和细节。最开始的难点在于持续坚持一个行动，当我们在行动中获得了一些激励，就会积累一些正向的肌肉和思维的记忆，直到形成了习惯，行动的阻碍就会大大减少。

当我们的行动从最开始具体的任务到利用工具和方法提升效率，再到最终建立了自己坚实的认知和信念，我们就会越来越了解事物和生活的本质。人生几十年，你有选择生活方式的权力，也有积极主动改变自己的义务。

小松一直相信：唯有不断地反省，不断地努力和改变，才能在激烈的、不断变化的环境中更好地生存下去，才能让自己生活得更有价值和意义。

2. 学会明确核心问题和关键点

小松和朋友交流的时候，朋友会说在行动的过程中，逐渐迷失了方向，不知道下一步该干什么，对于该解决哪个问题感到很迷茫和困惑，直到放弃整个行动。

在行动的过程中，我们需要就遇到的困难，不断寻找关键问题，

并去解决这些问题，直到达到自己的目标。

找出关键问题，是能够取得突破的关键，这需要我们不断尝试从现在繁杂的背景和困难中，找到最核心的那个问题，并努力攻克它。

3. 改进行动，在试错中积累经验和知识

发现和解决核心问题，整个过程的效率，与我们以往对于知识经验的积累、与获得成功体验时积累的自信密不可分。

人很容易对失败有着巨大的恐惧，为了避免失败，宁愿不去行动。但我们在试错中，在不断的尝试中，就会发现行动中的问题，最重要的是发现自己的不足和可能性。

比如阅读、写作、学习英语、跑步健身等不同领域的事情，试着给自己一年时间，集中在几件事上试错，哪怕失败了也一定会收获很多经验，而且一年时间而已，这会让你避免后面10年一直不断地尝试和放弃。

因为人性中的基因本能和认知误区，大部分人可能并不能成功改变自己。有些人也对这些工具和方法持怀疑态度，但行动本身并不是目的，工具也只是工具而已，我们可以获得的，是在不断地调整和努力中，加深对自己的了解，改善自己的行为习惯，提升对事物的认知。

时间管理：进入无压工作状态

身边有很多朋友，在工作和生活中遇到做事情效率偏低的问题。小松在坚持个人成长的过程中发现：一个目标有没有达成和很多因素有关，效率太低很大程度上是因为没有做好时间管理。

- 苦恼自己的工作效率低，两三年也没有升职加薪。
- 在业余时间想学点东西提升自己，却总是在刷手机，时间不知不觉溜走了。
- 每年年初制订的年度计划都很难如期完成。
- 购买的很多培训课程还没看完，或者看完了很快就忘了。
- 很羡慕做事高效的人，但依旧每天陷入无所事事的状态。

在最初进入职场，或者刚接触某样新事物的时候，因为不了解基本的方法和底层知识，低效是正常的现象。不过生活中绝大部分事情具有重复性，这要求我们在了解了做事情的基本方法之后，要知道如何把事情更高效地完成。

学习时间管理，对所有人都有必要吗

小松最初以为时间管理是大部分人要去学习的一个技能，但后来发现自己陷入了误区，其中的偏差在于自己没有了解到：时间管理的目的是培养高效做事情的习惯，对优秀的人来说，不用刻意练习时间管理，因为时间管理已经融入了他们日常做事情的方法和经年累月积累的习惯中。

有一类习惯和认知，比如我们的生活习惯、做事情的基本方法等，这些在我们成年之前，受成长环境和家庭文化潜移默化的影响；还有一种是在成年之后，为了适应社会环境、实现目标，主动养成的做事习惯。

无论对于普通人还是优秀的人，都有这样一个在潜移默化中或者刻意练习中，养成时间管理习惯的过程。除了已经可以高效做事的人，对于其他人来说，时间管理未必是首先需要考虑的事情，而对于其中一些人来说，时间管理未必很重要。

- 工作和生活规律，稳定性强，较少需要去面对新的事物和挑战的人。
- 个人关注的领域不复杂，有时间和精力在一到两个领域中深耕的人。
- 对目前的工作和生活状态满意，不用去做风险性尝试的人。
- ……

整体来看，学习时间管理，更适合小松这种常常面临工作和生活的挑战，渴望在不同领域提升自己，经常发现自己效率低、时间不够用的人。

进行时间管理，从了解 GTD 开始

小松在学习时间管理的时候发现，想要提升时间的利用效率，对生活更有掌控力，解决时间黑洞的问题，需要先了解时间管理中最普遍的一个理论：GTD（Getting Things Done）——把事情搞定。GTD 的核心理念就是建立一套方法和流程，通过解放大脑，专注于当下最重要的事情，按照规划一步步搞定每一个任务，最终帮助自己不断实现目标。

GTD 的核心流程是：收集、组织/整理、检视/回顾、执行。

1. 收集：穷尽待办，解放大脑

作为 GTD 流程的第一步，小松对收集的理解是：把每一个新的工作任务、想法或者资料，在进行处理之前，先统统放到专门的个人收件箱里。像以前那样指望大脑记住所有细节并不合理，大脑不适合多线程运作，需要被解放出来，摆脱与目前正在专注的事情无关的记忆压力，来处理当下更加复杂且更有创造性的事情。

试想，当你正在处理一件重要事情的时候，却有一些其他的声音在干扰你：昨天的一个工作是不是还没有收尾？老板交代的另外一件事处理得怎么样了？一直拖着不想做的项目计划书还要不要继续拖下去？当注意力被分散的时候，我们是无法专注于手头的事情的，也会极大降低工作效率。

收集信息的时候仅仅去收集就好了，先不需要考虑该怎么处理，

把被安排的工作、自己临时想起来的某个事情、甚至是一些想法的雏形，记录下来。

穷尽方方面面所有的待办事项，就像重装操作系统之后，帮助大脑减轻了很多负担和焦虑，可以进入一种无压工作的状态。

小松常用的收件箱工具有便笺纸、印象笔记、电脑文件夹等，他会把所有的事情记录在便签纸上，下班前整理到印象笔记中，待晚上和周末进行统一处理。电脑文件夹主要用来存放一些需要的，还未归类的资料。收件箱的形式不限，越简单方便越好，而且数量不宜过多。

2．组织／整理：合理安排，高效分配

在收集的过程中，我们得以穷尽所有待办事项，进入无压工作的状态，是因为我们信赖收件箱内容的完整性——可以找到所有待处理的事情。但随着收件箱中内容的增加，需要进行及时的组织和整理，帮助我们把待办事项合理地推动下去。

GTD 中的组织和整理有一套完整的流程，帮助我们对待办事项进行分类和管理，比如不需要现在做的工作可以放到将来的清单里面，复杂的工作需要按照项目的标准清单来跟进，只需要 2 分钟完成的任务就立刻处理，需要交代给别人的工作就委派给他人等等。通过不断地对收集箱进行处理，小松最终输出了 5 个清单。

- 项目清单：需要多个步骤跟进的项目，拆分成具体的任务。
- 单个任务清单：固定时间执行的任务，以及 2 分钟任务。
- 仪式清单：每天／周固定去做的任务。

- 将来也许清单：将来需要做的任务。
- 资料清单：与工作和生活相关的资料。

除了资料清单，其他的清单都对应了许多的下一步行动。就像已做好分类的新鲜食材和调味料，在大厨眼里就是一道道即将呈上的美食大餐。每天晚上坐在电脑前，小松需要像一个大厨一样考虑：每一味食材该如何搭配辅料？是做早餐、中餐，还是晚餐比较好？适合做主菜还是辅菜？

小松会将所有的清单分配到不同的维度。

第一个维度是不同领域。比如工作事业、家庭生活、个人成长、兴趣爱好、理财投资、人脉社交、身体健康等。分配不同领域的目的，是为了根据不同领域的目标和期待，管理行动计划。

第二个维度是重要紧急优先程度。按照四象限法则：首先需要完成的是重要且紧急的任务；需要投入最多时间和精力的是重要不紧急的任务；可以调低优先级或者安排别人去做的不重要且紧急的任务；建议不做不重要且不紧急的任务。

第三个维度是时间和精力。当所有的项目和任务分配好了领域和重要紧急优先程度，到具体执行的时候，需要安排好执行的时间以及是否放到精力最充沛的时间段来执行。小松根据自己的生活习惯，把时间按照场景分成了在家、在公司和外出。对于在家完成的个人项目和任务，最重要的任务分配"高精力优先"标签，比如早上的时间；次重要的任务分配"长时间专注"标签；碎片化的任务分配"2分钟"标签。在公司就集中所有精力先完成最重要的任务，比如"长时间专注"的任务、需要同事跟进的任务以及 2 分钟任务等。仪式标签用来执行仪式清单，比如外出以及在非工作和家庭场景下，执行有"出差""娱乐""阅读"等标签的事项。

- 在公司

  - 要事

  - 重要不紧急的事情

  - 同事（待同事处理的事情）

  - 会议室 / 沟通（会议）

  - 2 分钟任务

  - 午休时处理的事情

- 在家

  - 要事

  - 重要不紧急的事情

  - 2 分钟任务

- 手机上处理的事情

- 外出处理的事情

- 仪式

组织 / 整理是 GTD 流程中重要且是确保目标能否达成的核心一步，也是每个人根据实际情况，有着高度自由度的一步。小松坚持每天对任务进行组织，一段时间之后，发现大脑的负担越来越少了，做事情更加有条理，也可以更加高效地根据时间和精力来执行任务。虽然还在不断调整不同维度的设置以及不同项目的安排，不过小松已经迈出了高效的第一步。

3. 检视／回顾：抬头看远方

小松今年开始每周末进行定期的回顾和计划，对时间管理的回顾也就自然加入到了周回顾清单中，这解决了他最初面对众多工作任务时的焦虑和手忙脚乱的尴尬状况。小松在进行周回顾的时候，意识到自己可以把众多清单和年初设定的目标更好地绑定到一起，比如在回顾时，可以标注出哪些项目可以更好地助力年初目标的实现，哪些任务偏离了目标，哪些是在回顾目标时新增加的任务，等等。

完成每一个具体的行动，都会对最终的年度目标产生影响，这是一种很奇妙的感觉。对新长出的枝丫进行修剪，看着树干越来越粗，枝丫越来越繁茂，期待着未来的某一天可以长成参天大树，小松想，也许这就是成长的价值。

除此之外，在回顾的时候可以对任务的执行情况、项目的完成进度进行跟踪和调整，确保在正确的方向上不断前行。要不断检视将来／也许清单，添加新的任务，对已完成的项目进行归档总结，每周回顾的价值越来越明显地表现了出来。

检视与回顾，就像一个优秀的园艺工人，保证整个园区花草树木茁壮成长以及生态健康的同时，伴随四季的变迁，用汗水和辛勤维护好每一株植物的生长环境。

4. 执行：低头看脚下的路

目标和计划是执行的起点，最终要落地到一个个具体行动中。

明确了目标和可靠的行动计划，了解了时间管理的基础逻辑，很多人还是没有实现目标的原因在于没有按照计划坚持执行。

没有坚持执行的表面原因有很多：不愿强迫自己反习惯地做困难的事情（比如晨起）；坚持了几天没有看到效果（比如减肥）；动力越来越弱；有几次没有坚持之后就放弃了；等等。

这背后也有复杂机制的原因：基因决定了人是趋向安全躲避风险的生物；大脑倾向于"省力法则"；过多的压力和焦虑会影响大脑前额叶保持记忆的能力，使我们无法集中注意力，影响了执行的效率。

但是，如果不能应对执行过程中的种种困难，没有在一定压力和挑战的风险下去做一件事，那这件事也未必能给我们带来持续的自我提升。坚持执行的方法也很基础：正确的方法和主动的信念。

(1) **正确的方法：从每日 To Do List 中获得乐趣**

制订好每日的 To Do List（行动清单）之后，就像有了清晰的导航图，可以专注在具体行动的执行上。随着我们投入注意力完成一件又一件有挑战的事情，收获的乐趣和满足感可以支撑我们继续坚持下去。

如果没有收获乐趣和满足感，那我们就需要问自己：目标是否是内心的渴望或者现实迫切的需求？目标是否超出了目前可以实现的能力范围？每个人获得乐趣和满足感的方法都不一样，对目标的设定范围也不同，调整到自己稍微跳起来就可以达到的高度，找到适合自己的内在或外在的激励手段，可以更好地帮助自己坚持下去。

（2）坚韧的信念：踏踏实实做事，自我否定之前先咬牙坚持

人在安逸的环境下，难以有足够的危机意识和动力，这时候，信念可以帮助我们解决外在的动力和内在的生理机制问题，成为支撑我们在行动初期坚持下去的保障。回想最初制定目标时对自己的期待、头脑中的高光时刻，若能相信一力降十会，有着硬着头皮先坚持下去的执拗劲，那么，我们就可以战胜困难，取得成功。

对于执行过程中遇到的问题，要主动寻求解决的办法，不要害怕失败、不要过于草率地自我否定，这些是做任何事情都需要具备的能力。没有一条路是白走的，相信所有的目标，只要付出努力就一定会对结果有改善。

小松以前习惯无视这些所谓的真理，但慢慢发现这些最简单朴实的道理，虽然乏味甚至苦涩，却可以帮助我们解决行动初期的大部分问题。很多道理做着做着就懂了，脑子也通了，一通百通，认知修正行动，很多事情也就不像最初时那么难搞定了。

当然，对于小松来说，工作和生活中充满了变化，并非完全机械和可被规划的。学会把任务放到一起进行时间管理，可以帮助我们清空大脑，避免焦虑。把注意力放到需要更多创造力的任务上面，是锻炼时间管理能力的基本方法。

时间管理对小松来说，是从易到难的必须经历的过程，也是高效工作和生活的一种路径。关注效率的同时要不断提醒自己的出发点，是为了更高效和幸福的生活。

时间管理之前，在时间管理之外

又到了周末，小松和杨小姐来到咖啡馆讨论近期一直关注的时间管理的问题。

修正认知，做好时间管理

小松一直认为，要做好时间管理，就要在建立习惯之前做好修正认知的准备。尊重自己可能会浪费时间的现实，接受自己在时间的利用效率方面有提升的空间，能像尊重财产一样尊重自己的时间和精力，尊重自己承诺要做的每一件事。

1. 直面压力和恐惧：做不想做的事

当开始尝试一个新的方法改变自己的工作和生活，新的行动和旧习惯之间会有很多的摩擦和冲突。小松之前习惯接手任务之后尽快去执行，现在则会优先处理最紧急的任务，然后按照自己的步调执行当天最重要的任务，不再被临时工作追着走。

如果要修正以前工作的习惯，开始在两种状态之间切换的时候，需要投入更多的精力和注意力，会让人有一些吃力。

杨小姐提供了更多的理论支撑：主动把自己暴露在压力和恐惧面前，是很多人有效克服社交障碍、行动障碍的第一步。对于社交恐惧的人来说，强迫自己在压力下，主动在陌生的环境与陌生人沟通，加强彼此的联系，哪怕最开始自己说的话很无趣，别人的反应不太好，也坚持行动，其中的阻碍会慢慢消失。拥有了勇气和建立了自信，就可以做到更多不想做但觉得自己应该去做的事。

养成工作习惯的时候也一样，大脑的习惯机制在逐渐建立，在最开始对抗旧的习惯机制时，需要面对一定的焦虑、恐惧和未知的压力，这是所有人都会经历的过程。

随着行动的深入，实际上直面压力反而是最快的解决办法。承认所有的负面阻力，把自己暴露在压力和焦虑面前，负面刺激会越来越弱。克服了恐惧和压力，不想做的事就没那么多的阻力了，行动也就可以顺利执行下去了。

小松点点头，没想到每一个行动背后都可以找到心理理论做支撑，看来以后要多看看心理学方面的书。他把这个想法快速记录到手机的便签上，开始讲自己的第二个收获。

2. 忠于计划：不轻易否定自己

小松说自己在执行计划的时候发现，最初对计划的安排，会面临很多的挑战：在执行的过程中没看到明显的提升；对最初的目标产生怀疑；有一种机械做事的感觉。

就好像脑子里有两个小人在对话，一个小人说："你做的事情太无聊了,做了好几天也没看到结果,还是换别的事情来做吧。"另一个小人反驳:"最开始要有耐心,从量变到质变的过程,我要相信最初的计划。"

刚开始的时候两个小人经常打架,随着坚持得越久,所产生的价值越高,第一个小人的声音就越弱。忠于最初的计划,不轻易否定自己,是保证行动有效的保障。

这一条很容易理解,杨小姐看小松没有要说的内容了,讲了讲自己的收获。

3．化繁为简:在效率上做文章

杨小姐的时间管理系统经过了一段时间的打磨,已经完全满足目前的需求了,她需要做的就是根据工作和个人的情况进行调整。随着工作职位的升高,以及个人对时间管理提出更高维度的要求,她反而在不断对系统进行精简,希望尽可能保留核心的部分,这样才能保证把精力投入到最高效产出的领域。

另外,相对自由和灵活的系统,可以有更多发挥创意的空间,这也是她对能突破更多舒适区的一个期盼。

杨小姐说平时和身边很优秀的小伙伴聊天,发现他们之所以那么优秀,除了自身素养之外,他们都敢于而且善于突破自己的边界,给自己更大的挑战并完成它。不断突破舒适区,才能保持持续快速成长的状态。

最后谈到时间管理工具,杨小姐的要求就简单多了,实用即可:知识管理+时间管理+写作工具。利用简单的工具,进行大量的思考和实践，关注效率和产出，而不是阶段性的得与失。

在纸上记录了很多，小松感叹相比自己有些啰唆的理论和思考，杨小姐的感悟直接清晰很多。

职场琐事太多，自身价值不能发挥，如何面对

喝完了咖啡，在往回走的路上，杨小姐讲了一个故事：前两天约了一个朋友吃饭，聊着聊着就开始吐槽现在的工作，一天到晚都在忙一堆琐事，还有一堆开不完的会，感觉事情越积越多导致每天加班加点。一个星期下来发现什么正经事也没干，马上到年中的绩效测评了，这次肯定又没戏了。

杨小姐说自己身边这样的例子还不少，日常工作陷入了一堆琐事中，干不好被人说，干好了也没太大价值。长久下来，要么陷入自我怀疑和焦虑期，要么就习惯了像温水煮青蛙一般，一直这么干下去。

其实，进入职场后，每个人都需要对自己的工作负责。不只是对自己的工作结果负责，也要对自己的工作发展负责。像这个朋友就是有典型的工作管理的问题：别人给的任务都来之不拒，而且工作时经常觉得有事没有做，却总是想不起来，久而久之就陷入了越来越多的琐事和持续性焦虑之中。背上的压力越来越重，自身的工作价值却越来越低。

这是职场真实的现状，背后是工作认知和价值判断的问题。有朋友依赖跳槽，一年跳了三四家，发现每家都一样，才醒悟太阳底

下无新鲜事，跳槽并不能解决问题。要从混乱的现状中脱离出来，需要自己去更新认知和工作习惯，忍痛走出不做工作管理的舒适区。

那如何做工作管理，或者说工作时间和精力如何管理呢？小松突然意识到时间管理的第一个阶段是管理好自己的精力。

杨小姐谈了谈自己的看法。

我们都知道一个词叫"工作杠杆率"，它的意思是：当你的工作边际效应越来越小，也就是做一些重复、机械、简单的低工作杠杆率的工作时，是无法满足工作发展的要求的。要达到最大的工作产出，需要尽可能投入精力在高工作杠杆率的工作上。

要提升自己的工作杠杆率，有这几个方法：

• 分解出高杠杆率的工作，重点投入时间和精力，并提升工作管理和执行效率。

• 减少杠杆率不高但必须要做的工作需要花费的时间，或者提升该工作所能带来的影响力。

• 将突发性、重复性任务统一集中处理，减少工作精力消耗。

• 在工作时不断用产出强调自己的工作效果，争取到更多高杠杆率的任务。

工作琐事太多会在很大程度上消耗精力，影响工作产能和积极性。我们对高杠杆率工作保持关注的同时，要加强时间利用和精力管理带来的效率提升。一直以来，蜕变都不是一件容易的事，要走出自己的舒适区，需要在不断挣扎、不断失败、不断谨慎地反思和改进之后才能实现。

对时间管理以及人生问题的看法

关于时间管理,小松也有一些新的看法和认知,希望先写出来,之后回过头再看。

1. 对精力管理的认知

随着工作经验的积累和任务的增多,时间管理一直有趋向精力管理的转变。时间有限的同时,精力更为有限,而且精力的变化更需要重点关注。管理好精力,才能处理好工作中涉及如专业、沟通、协调、决策等很多方面的任务。

2. 对时间管理工具的探索

我们不能依靠一个工具解决所有的问题。每天都在不断产生新工具、新方法,对自己来说,最重要的是不断地审视、输出并更新关于时间管理以及成长方面的认知和思维。比如对小松来说,如果不用现有的时间管理系统,要怎么办?是自己已经不需要系统了,还是要找其他系统代替?这都需要我们做进一步的探讨。

3. 关于跑步的意义

伊塔洛·卡尔维诺曾说:"我对任何唾手可得、快速、出自本能、即兴、含混的事物没有信心。我相信缓慢、平和、细水长流的力量,踏实,冷静。我不相信缺乏自律精神、不自我建设和不努力,可以得到个人或集体的解放。"

而跑步就是一种缓慢、平和的坚持和努力。我们在路上不断地探索自我,严格要求自我,追求自由。虽然跑步的时候会痛苦,坚持的时候也难免会懈怠,不过跑步的初心从来不是可以跑得越来越快，而是希望自己可以变得越来越强。

跑的每一步路，付出的每一份汗水，再小的努力日积月累之后都会变得不一样，每进一寸就有一寸的欢喜。

4．关于直面生活的真相

人生不会是一路坦途，生活的残酷真相是我们会不断地面临新问题，也要不断解决问题。从这个角度看人生也太痛苦了，因为享乐才更符合人的本性。

电影《这个杀手不太冷》中的玛蒂尔达问："人生总是充满痛苦吗？还是只有小时候才这样？"里昂的回答简单明了："总是充满痛苦。"

虽然从原则上来说，生活的曲线会越来越趋于平缓，因为随着岁月的流逝和死亡的临近，生活的内容和形式愈发的固定和常规，人也越来越少地去追寻变化的脚步。我们会越来越关注最核心或最皮毛的事情，也会越来越深刻或越来越平淡，越来越接近或者远离生活的真相。

虽然很难，但对小松来说，希望可以把终生学习和成长的信念一以贯之，哪怕老年时也可以怀有好奇心和执行力，可以跑马拉松，可以一直用新奇的眼光来看待生活。

第三章
持续精进：
从简单到复杂

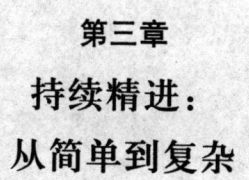

小松的蜕变之路：坚持成长之后的变化

　　每天一点点积累，几年时间下来，小松越来越清晰地认识到持续成长的价值，有时候这些价值无关工作的成绩，而是作为一个独立的个体，逐渐认识－认清－认可自己的过程。

　　几年的成长下来，不论是基础认知的建立还是几个习惯的养成，小松做了很多尝试，也放弃了很多不合理的想法。

　　从小松到老松的蜕变，在这一刻开始越发明显。

年度计划：瞄准靶心，指哪打哪

几年前，小松在很长一段时间的自律和坚持成长之后，心中的大树逐渐茁壮，枝叶初具规模。当时小松的第三个转折，就是开始真正思考自己的年度计划。

有一次同学聚餐，饭前闲聊的时候谈起了今年的年度计划，大家的反应差别很大。有的人对年度计划有强烈的怀疑态度，认为计划永远没有变化快，做计划的结果是很快推翻计划。也有人觉得每年在工作和生活中制订1~2个计划，可以很大程度上提升幸福感以及成功的概率。

小松和杨小姐在咖啡厅讨论过这个话题，也谈了自己的看法："做一个有效的计划可以在很大程度上提升实现目标的效率。但计划也不是万能的，要实现目标有很多其他的影响因素，比如思维能力、自律性、执行能力等。"而他现在思考的很重要的一点是，年度计划有没有效，取决于你想做多少事，想做哪些事。

关于年度计划

和同学聚完餐不久，就到了 12 月份，一年即将过去了。周末根据年初计划进行回顾的时候，小松发现今年做了很多事，有计划内和计划外的，也有一些曾以为重要的事情，最后发现不合适选择了暂停。不过几个领域里重要的项目都在有条不紊地进行中，而且经过一年的不断实践和调整，现在做起来更加有方向感和目标感。

- 升职为主管，加薪 30%。
- 营销和个人成长主题研究，通过写作的方式输出 12 篇文章。
- 每月坚持慢跑 40 公里，参加一次半马比赛。

小松今年的 3 个主要计划，基本都顺利完成了。工作的产出以及承担的两个重要项目取得了不错的成绩，得到了领导的认可，升了职也加了薪，配备了 3 个人的小团队。

在成长的过程中，小松开始尝试通过写作来输出，以每两三周写一篇的速度，每篇文章 2000 字左右。他的有关个人成长的文章在小范围传播，一些关于营销的文章也有微信公众号媒体转发，还被邀请做了一次线下分享。

小松这一年跑了两次半马，其中一次是去内蒙古鄂尔多斯参加星空跑，虽然由于天气原因没看到星空，但也是一次很难得的体验。

这几次的成功经验，给了小松更多的信心，当然也有一些失败的经验。在做事的时候，他很容易陷入两个误区：一个是计划制定的周期过长，做了一段时间就没有了坚持的动力；另一个是计划太过于关注最底层的执行，不能高效地产出。

这两个误区并不一定是方法的问题。实际上，大部分人并不擅长做计划，习惯沿用在校园时期对计划、目标和行动的认识，因为在国内的教育体系中，并没有太多关于自主学习以及独立意识的部分。在面临需要独立解决且需要抵抗诱惑、懒惰的困境的时候，没有一个成熟的执行和回馈体系，人们很容易慢慢偏离了方向。

所以，一开始就希望做一个完美的年度计划，设立让这一年不虚此行的动机和愿景，往往都会以失败告终。

更合理的做法是先在一件事上坚持行动，尝试不同的方向，通过一段时间的试错，往往可以在两方面有很大的收获：一是能更清楚地认识自己；二是逐渐积累了做好一件事的方法。当你在不同的领域都有了积累之后，制订年度计划才会更加有的放矢、指哪打哪。

年度计划在时间维度层面，属于中间层，往上走有 3 年规划、5 年规划，往下走有月度计划和周计划。在如今各行各业的风向标和资源配置快速变化的阶段，如果你对自己的稳定性没有一个清楚的判断，我建议你从年度计划开始。

小松的前两次成长的转折，做了很多的尝试和突破，他觉得自己可以开始做年度计划，来帮助自己在未来更好地成长了。

如何做一个行之有效的年度计划

做年度计划的方法有很多，最核心的部分是需要建立一个正确的思维习惯。通俗点来说，从把事情做对，进化到做正确的事情上面。

1. 划分人生的领域

不只是在工作这个场景下，在家庭生活、个人成长、兴趣爱好、身体健康等领域，当需要推动较多事情的时候，都会让我们容易陷入混乱的状态中。

这时候就需要学会做分类，比如基础的方法是按照重要紧急程度、场景、负责人进行分类。

在做年度计划时，小松打算按照平时的习惯，把人生领域分为8类：工作事业、素质/心智、理财投资、兴趣休闲、人脉社交、体验突破、身体健康、家庭生活。

第一层：身体和家庭是一切的基石，也是我们努力和奋斗的根本。第二层：兴趣休闲、人脉社交和重要的体验突破，可以让我们更灵活地协调第一层和第三层的关系。第三层：需要持续加强素质和心智方面的个人成长，同时一手事业、一手理财，也是生活的稳定性和幸福程度的重要保障。（参考图3）

第三层：	工作事业	素质/心智	理财投资
第二层：	兴趣休闲	人脉社交	体验突破
第一层：	身体健康	家庭生活	

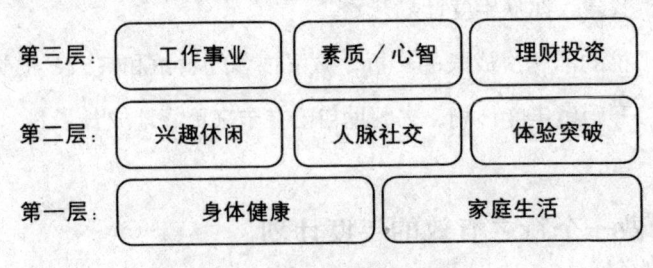

图3 小松的人生8大领域

人生中在做的很多事，都是在围绕这些领域，不同的是每个领域的重要程度，随着人生阶段和状态不断发生变化。

2. 确认对自己最重要的事情

生活中意外时常发生，不一定要在发生了重大的事情之后，再去反思什么对自己最重要。每到年底做回顾和第二年计划的时候，也是一个反思和确认的好时机。

小松刚毕业的时候觉得每天都丰富多彩，而一转眼已经过去三四年了，人在无意识行动的时候，对时间的感知是最微弱的。

重新思考对自己最重要的事情，也是一个寻求平衡的机会。比如要追求事业的卓越，要照顾好家庭，要关注自己的兴趣，要完成一个挑战，等等。明确了最重要的事，就会持续不断地给我们带来前进的驱动力，帮助我们把事情做得更好。

3. 对5年后的生活，设置一个愿景

虽然5年还比较遥远，小松也参考了自己很喜欢的一位时间管理达人小强的建议，对未来5年希望能达到的生活状态做了一个展望。其中最核心的支撑是能够开始为自由职业做准备，这也是未来几年重点积累和学习的方向。

未来的时间，小松会继续一步接一步地往前走，不断地积累资源和经验，为目标努力。

4. 制订年度计划

制订年度计划的时候，小松先列出了第二年想做的事，不加判断地把所有想做的事都写了出来。头脑风暴的过程，也是把自己的想法进行无遗漏整理的过程。其中最重要的有3件事：

- 年底的时候跳槽，在更优秀的平台和岗位上不断提升。

- 继续营销和个人成长主题的研究，读 12 本书，输出 15 篇文章。
- 坚持分账户进行理财，上下半年各出去旅游 1 次。

在符合 SMART 原则[1]的基础上，对这些事情设定目标。比如你想坚持跑步，如果是初学者，可以设定一个每年跑步 300 公里的目标（每周 2 次，每次 3~5 公里）。

目标设定的过程中，也会筛选很多不现实的或者不符合现状的事情。比如初入职场的人，想用一年成为年薪 40 万的职场中层，当然这个目标并非 100% 没有机会完成，只是不太符合主流事物的发展规律。

接下来把重新设定好的目标，分配到不同的人生领域中。分配的目的一是可以更清晰地看到未来一年的重点目标，二是帮助我们更好地平衡每个领域之间的关系。

如果要完成的事情太多，有一个很有用的判断标准，那就是看一天能够拥有多少时间，这些事情需要投入多少时间。一般来说，如果一天有 5 个小时可以自由支配的时间，安排的事情最好需要 3 个小时左右完成，这样有一些余地应对突发的状况，才能更加高效地完成目标。

5. 坚持行动

年度计划的内容，主要在思维和计划层面，要顺利且高效地完

---

1. SMART 原则：目标须是具体的 (Specific)、可衡量的 (Measurable)、可达到的 (Attainable)、与其他目标具有一定的相关性 (Relevant)、有明确的截止期限 (Time-bound)。

成目标，还是需要落地到每个月、每周以及每天的具体行动中。有足够行动的积累，才能量变产生质变，最终改变我们自己。

做好年度计划需要注意的几件事

小松从思维层面到每天的行动计划，讲了具体制订年度计划的方法，相信我们可以对年度计划有一个更加全面的理解和认识。

但要做好年度计划，并最终完成年度计划，也有一些注意事项。

1. 不要贪多，轻装上路

不要贪多，尤其是刚开始的时候，不要给自己安排太多计划，围绕2~3个重点领域的项目，确认最重要的3个目标，给予最多的资源支持。

如果安排的计划过多，往往会分散注意力，不能持续在某一个目标上进行深入的学习和实践，导致最终一件事也没做好。

2. 不断地试错，不断地改进

年度计划就像一个互联网产品，最初的模型上线之后，需要进行不断地优化和迭代，以便能够围绕最重要的目标，不断优化行动方向和任务。

我们要做的并不是完成某一个目标或者某一个项目，而是持续进步。只有不断地试错，不断地改进，才能发现最有效的实现目标的方法，才能更加高效的成长。

我们做好了年度计划，对新的一年也会有更多的期待。

月度计划：每月 2 小时，更好地掌控工作和生活

  临近年关的一个周末，小松和杨小姐在咖啡馆闲谈的时候，聊到最近看的一个视频。视频中马未都老师说了一些关于时间的看法，大致意思是：年轻的时候时间按年来算，年龄大一些按月来算，年老了日子按天算，一天天过。

  身边大部分和小松一般年纪的职场人在毕业之后，一年一晃就过去了。感觉前一秒还是 20 出头的年纪转眼就奔三了。眼看着头发慢慢稀少，从清瘦少年走向油腻中年，他们也开始集体怀念自己的 18 岁，自嘲到了上有老下有小，随时准备接受"00 后"暴击的年纪。

  回顾经历过的职场生涯，时间的加速度越来越快，我们对时间的掌控力却逐渐变弱，那些想做的事、想实现的目标好像也越来越遥远。

如何让自己的工作和生活更有时间感

杨小姐也说自己最近经常听朋友抱怨：年初的时候，信誓旦旦地保证今年要达成的减肥/理财/升职加薪的目标，最终什么也没做就已经到年底了。尤其对于今年的职场，每个月都有比较大的变动，仿佛一下被时间扼住了脖子，一个喘息还没平复下来，又来一个重磅。

从时间管理的角度看：年的维度可以关注中长期目标，周的维度需要关注具体的任务，如果不想有一年那么长的时间跨度，也不想一周有很多的琐碎事情，从月的维度来看，反而是最适合进行目标管理的。（参考图4）

小松很认同杨小姐的观点。尤其对于职场人来说，在工作中我们会把年度的KPI（绩效指标）或者OKR（目标与关键成果）拆分到季度目标，然后按照每月的节点去跟进，这样既可以在保持战斗力的前提下进行修正和调整，也能在不偏移大方向的前提下不断

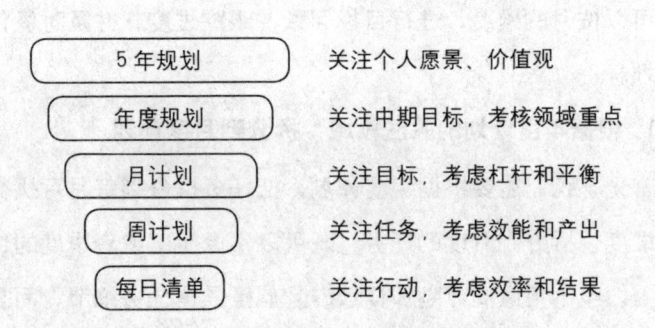

5年规划	关注个人愿景、价值观
年度规划	关注中期目标，考核领域重点
月计划	关注目标，考虑杠杆和平衡
周计划	关注任务，考虑效能和产出
每日清单	关注行动，考虑效率和结果

图4　不同层级的时间管理系统

小步幅调整，确保目标能够最终达成。

对时间的掌控，或者说让工作和生活更有时间感，很重要的一个目的是当你不能围绕今年的计划，持续保持专注的时候，从月的维度出发，专注于年度的规划，去跟进每周的任务完成情况，更好地平衡工作和生活，实现年初的目标。

聊到这里，小松打开笔记本，开始记录两个月度计划的经验。

用好月度计划，让工作和生活更有掌控力

杨小姐先举了个例子。朋友A在年初制订了详细的减肥和工作升职计划：把每天的饮食和在健身房有氧+无氧的计划安排得明明白白；对工作进行了梳理，有了更加清晰的需要提升和改进的地方。几个月以来，A一直很努力地按计划执行，却经常感觉迷茫，不知道自己是不是在正确的方向上，也不知道能不能实现预期的目标。结果动力越来越弱，也越来越不能坚持。

当我们有了明确的年度计划，如果要更加有效且持续地达成目标，可以按月的维度，进行目标回顾、跟踪进度，并及时优化下一步计划。

1. 根据年度计划的关注领域，拆分到月度计划

首先，我们需要根据年度计划，把任务拆分到每月可执行和跟进的维度。拆分到月度的任务，既可以不像年度或者季度的目标高高在上，也不用像周计划那样琐碎且偏重具体任务细节，而是进行落地且可进行更加高效的把控。

在年初制订了几个领域的年度计划，有关于学习成长的，有关于工作晋升与职业发展的，也有关于理财以及健康管理的。整体看下来有全年的目标感，但落地执行的时候，就需要月度计划的参与了。

比如杨小姐今年的理财目标是存款 15 万元。现在月收入 2 万元，一年 14 薪，扣除五险一金后月收入在 1.5 万元左右，平均每个月的支出需要控制在 6000 元之内。如何开源节流？按照计划先存钱，然后控制在租房、饮食、购物、社交方面的支出，可以通过可量化的数字来制订行动计划；之后每个月对理财目标的执行情况进行回顾和调整，确保没有过度支出。

对于小松来说，为了拓展斜杠技能，要建立写作的习惯，要求自己每月写两篇文章发布到自媒体平台上，每月月底的时候会回顾这个月的完成情况：文章是否写完了，文章的质量怎么样，有没有得到一些反馈，等等。做一个总结，也更利于下个月的计划执行。

把年度计划拆分到月度计划，并不复杂。持续做月度回顾，也是一件高杠杆率的事情，目标完成率以及效能会大大提升。

2．利用工具，管理好自己的月度计划

具体到每月的重点任务，以及如何跟进大大小小的事项，小松是利用 Omnifocus 时间管理软件和 Excel 两个工具来进行的。

（1）时间管理软件

用来制订及跟进具体需要完成的任务，设定好完成的标签情境（比如在办公室、家中、外出）及截止时间，每天跟进执行情况。比如说小松每周一需要检查工作中重点项目的完成进度，就新建一个

"每周一重复提醒检查项目进度"的任务。

(2) Excel 月度计划

把需要完成的任务按照不同领域的分类进行拆解,设定要完成的目标以及具体的任务内容,每月回顾计划完成情况,根据实际情况进行调整。小松按照易仁永澄老师的方法整理了月度计划模板(如表 2 所示),每个月可按照这个模板更新内容并跟进。

表2 月度计划

计划分类	月计划 [0601-0630]:写作 & 工作月					安排周次				任务进度(%)	重点回顾	
	序号	优先级	大分类	小分类	目标	计划具体内容	1周	2周	3周	4周		完成情况	情况说明
计划内	1												
	2												
	3		工作事业										
	4												
	5												
	6												
	7		素质心智										
	8												
	9												
	10		家庭生活										
	11												
	12		理财投资										
	13												
	14		人脉社交										
	15												
	16		身体健康										
	17												

3. 做好月度回顾

月底的时候,安排 2 个小时来进行月度回顾。主要对这个月计划完成的事情进行进度跟踪，对有产出和结论的事项进行总结和复盘，同时对下月的计划进行安排。

杨小姐和小松两个人不断分享各自的经验，小松把月度计划和回顾的内容快速梳理了出来，也对自己的月回顾任务清单做了一些修正（使用 Omnifocus 时间管理软件）：

- 开始准备月回顾，摆好茶水，关闭通讯娱乐软件，洗手，深呼吸 30 秒。
- 检查 Omnifocus 中每一个项目（如何细化、是否需要调整、进度完成情况等）。
- 对 Omnifocus 中超过 2 个月的任务进行断舍离。
- 静思未放入邮箱的任务，把脑袋清空，之后清空任务收件箱。
- 根据"月回顾文档"回顾本月的工作和个人计划，找出 3 件最重要事项进行思考总结。
- 检查自己年度目标（理财/健康/事业等）的完成情况，根据计划和年度目标的差距，优化下月行动计划。
- 月底查看梦想清单（印象笔记）和将来/也许清单，更新到"月度计划表"。
- 回顾本月已读书籍的读书笔记，制订下个月的阅读计划。
- 用时间记录 App 整理分析本月时间管理情况并做出下个月的时间管理计划。
- 断舍离式整理房间，清理桌上的物品，扫地拖地，保持房间干净清爽。

4. 利用小工具，配合完成月度计划

为了更好地跟进每月的时间管理情况，更好地辅助完成月度计划的任务，小松也有一些其他常用的小工具。

（1）aTimelogger 时间管理软件

记录自己的时间分配情况，对每个月在某一领域的投入时间进行分析。每月的工作时间、用来阅读和写作的时间、健身跑步的时间，等等，通过柱状图和饼图，都可以做到一目了然。比如某个月份加班比较多，运动的时间少，那么花在当月工作事业上的时间就比往常要多，运动健身的时间就少一些。

（2）印象笔记

记录阅读计划和读书笔记。小松读到还不错的书，就会整理读书笔记，找一些优秀的书评，保存到印象笔记中。

（3）随手记

一个特别经典的记录收入和支出的 App，可以清楚地了解每一笔资金的走向。

（4）梦想清单

一个特别有意思的小清单，记录下自己的小梦想，通过努力一个个去实现的过程特别有成就感。下面是小松的一个梦想清单。

- 四川、西藏自助游。
- 用"斜杠"的收入买一台全画幅相机。
- 跑到第一个 5000 公里。
- 无伤跑一次全程马拉松。

- 在将来定居的地方付首付，买一套阳光能照进来的房子。
- 去美丽的海滩潜水。
- 写一本书。

……

不知不觉天已经暗下来了，小松合上笔记本，和杨小姐走出了咖啡馆。

蜕变，是从每个小时的经历中熬出来的。从掌控每小时，到掌控每天，再到每月、每年，最后才能慢慢掌控人生。小松如此努力的目的从来不是为了要多么发光发彩，而是为了让自己变得更好一点，有能力看到并拥有更幸福的生活。

周计划与回顾：拓展宽度，兼顾行动和目标

用正确的方法进行个人成长

毕业进入社会之后，需要了解并适应职场的生存环境和法则。对于个人有一定控制能力的事情，大部分人都可以投入时间和精力，不断进步。不过，社会中也有太多无法控制的事情，一旦遭遇，需要学会去接受真实的情况，并想办法改善。慢慢地，才有能力在不安定的生活中，让自己安静下来。

我们无法决定长度，但可以不断拓展宽度，让每一天过得更充实、更有价值。

从小松开始制订新一年的年度计划，到和杨小姐讨论月度计划和回顾的经验，转眼到了年底。临近元旦，工作中重点的项目接近尾声，大家的工作节奏也都逐渐放缓了下来，有了更多的时间进行回顾和总结。

在根据年度计划以及拆分的月度计划执行的时候，小松也开始

更加关注周维度的计划和回顾。每月和每周计划，在时间管理系统中处于承上启下的位置，确保看得准的同时能站得稳，给每天的行动做出指导。相比月度关注目标，考虑效率的杠杆和多个领域间的平衡，周的维度会更关注具体的任务。

在每周不断根据月度目标对任务进行回顾以及调整的过程中，通过考虑执行的效能和最终产出，让自己在工作中创造更多的价值，也能增加生活中的幸福感。

小松这几年的成长，不算快，也没有发生翻天覆地的变化，但在每天一点点的精进中，小松感觉到自己能力和自信都获得了提升，个人成长的方法和技能也逐渐建立了起来。

如何开始进行周计划

周计划可以根据个人的习惯制定，有人喜欢把一周的计划写到一张纸上，每天跟进执行情况，也有人习惯记在手机便签中。小松一直用时间管理软件进行整理和跟进。

根据年度计划，把 8 个领域的年度目标拆分到每月可执行和跟进的目标维度，从每月的层面，进行目标的跟进和检视。然后再拆分成下一周需要具体执行的行动计划。有些月度目标是不断精进的，比如每个月需要精读的书、需要跑步的里程、日常的晨间日记等。有些是项目的阶段目标，比如工作中重点的项目。制订周计划和执行的过程，也是不断优化和革新的过程。

比如小松打算一个月精读一本书，做好读书笔记，并能够输出到文章里。一个月读一本书看起来很容易完成，不过对于一本优秀的书而言，只读一次是难以全面系统地了解书中的内容的。而且从了解—熟悉—精通—养成习惯，这一过程背后需要更多的实践，也需要从外界了解更多相关的知识。

一般来说，小松会在第一周把书中的内容泛读一下，每天花30分钟，只求对书中的重点主题以及框架有一个了解；在第二周和第三周会进行精读，并对重要的知识进行发散了解，整理读书笔记；在第四周输出文章。这样读书看起来有些慢，但很扎实。

整个行动的执行，是在时间管理软件中进行的。小松虽然不算工具控，但也试用了很多时间管理软件，最后根据自己的习惯选择了适合自己的工具，来跟进具体需要完成的任务。

有了方法和工具，也就做好了前期的准备工作。

周回顾和计划的具体安排

为了让周回顾更有规划性和效率，小松在每周日下午安排了2个小时的时间。并为此在 Omnifocus 中做了一个 Weekly Ritual（每周例行仪式）任务清单。周日下午，坐在电脑旁，关闭聊天软件和可能产生干扰的信息来源，开始专注做周回顾。

- 开始准备周末 GTD 回顾，摆好茶水，关闭通讯娱乐软件，洗手，深呼吸。

- 整理印象笔记的 Inbox，清空桌面，清空电脑 Inbox 文件夹，整理下载文件夹、手机备份照片并分组，清空 QQ 邮箱，整理浏览器书签，清空印象笔记里面收藏的微信文章。
- 打开 Omnifocus 进行同步，静思未放入 Inbox 的任务，把脑袋清空。
- 检查 Omnifocus 中的每一个项目（如何细化？是否需要调整？进度完成情况等）。
- 整理清空 Omnifocus 的收件箱。
- 回顾印象笔记周回顾清单，回顾每日工作总结。
- 查看本周的晨起日记和便签，整理到成功日记及周回顾表格（利用 GTD 理论回顾 Excel 文件）。
- 检查本周阅读的书（5 小时阅读时间）完成情况，进行 PDCA 循环[1]思考。
- 回顾本月的理财执行情况，检查本周消费情况，量入为出。
- 对本周已完成的工作和生活的重要事项找出 3 件进行思考总结（利用 GTD 理论回顾 Excel 文件）。
- 回顾月度计划，查看本周计划完成情况，下周需要提前准备的事项，制订下周工作和个人的 MIT（大石块）。
- 断舍离式整理房间，整理下周要穿的衣服，清理桌上的物品，扫地拖地，保持房间干净清爽。

---

1. PDCA 循环：是将质量管理分为四个阶段，即计划（Plan）、执行（Do）、检查（Check）和处理（Action）。

小松还制定了一个周回顾表格（见表3），他按照这样一个任务表，把重要的事情检查回顾一遍，在避免了焦虑的同时，也能提升控制力。

表3 周回顾内容

20XX年X月　第X周		
本周时间管理报告 Atimelogger 给自己打分（10分制） 未完成事项： 回顾时间，计划时间 要事优先，杠杆原理	本周总结 工作事业： 身体健康： 素质/心智： 理财投资： 家庭生活： 兴趣休闲： 体验突破： 人脉社交：	重点已完成项目（5件以内） 并总结3件 1. 2. 3. 4. 5.
回顾清单&工作总结和晨间、晚间日记总结 1. 2. 3.	本周阅读和视频进度 | 书名 | 起止时间 | 本周阅读 | 总阅读量 | 总结：一次只读一本书，每天安排固定的阅读时间。	本周成功日记（10件）& 人脉 成功日记： 1. 2. 3. 人脉： 1. 2. 3.

如果回顾的途中被计划外的事情打扰（其实还是经常发生的），就尽快处理非常紧急的事情，把非紧急的先记录一下，回顾完再跟进。如果没有办法保证白天有2个小时安静的时间，小松也会在周

日或周一的早上或晚上的时间进行，时间也不一定是2个小时，但最好保证起码1个小时的大块时间，才能进行深入的思考。总之，原则就是尽量不要被打扰，让自己可以静下来进行周回顾。

这个任务表涉及了工作和生活的多个领域，可以保证涵盖大部分的目标和细节。比如检视当月规划中目标的完成进度、这一周重点任务的完成情况等等。此外，一些细节的事项最好也加入周回顾中。如整理手机相册这件事，我们每周会拍摄很多照片，不论是工作记录还是日常随拍，自从有一次需要整理近两个月照片的痛苦经历之后，小松就把这个事项加入周回顾里了。其他的如整理电脑桌面、下载文件、清理邮箱等也是出于类似的原因，每周做一个定期断舍离。

这样一来，每周日小松安排的2个小时，可以对这一周计划完成的所有事情进行进度跟踪，对重要的有产出和结论的事项进行总结和复盘，同时对下周的计划进行安排。回顾的总结和反思的内容，也都会记录到周回顾Excel表格中，每个月会在月度回顾的时候再次查看。

当一周花费很多时间和精力完成工作和个人成长中的许多事情之后，要把这一周的事情做一个复盘和规划，这是实现年度目标时避免跑偏的很重要的一步。

这个方法很简单，坚持一段时间，带来的变化是显著的。在方法的背后，是不断思考和坚持进步的初心。

每周两个小时的回顾，相比我们刷手机或者打一局游戏，有很高的回报率。当我们自下而上的思考每周、每月我们应该做什么，才能更好地掌控自己。

系统思维：解放大脑，做事靠系统

多重角色下的成年人，如何解决不堪重负的困境

最近一次和杨小姐去咖啡馆聊天的时候，小松谈起看过的一个短视频，里面谈到一个男人现在的压力是：眼里是不再年轻的父母，脑子里装着乱糟糟的事业，心里藏着一个不可能的姑娘，胸膛里还有诗和远方。

中国有句老话：贪多嚼不烂。我们每个人需要承担的角色越来越多，也一直被打上越来越多的标签。工作中我们可能是一个领导者，是某个重点项目的管理者，是下属的培训师，也可能是某个虚拟组织的成员；在生活中我们是子女可能也已为人父母，可能还是"铲屎官"、健身达人、马拉松爱好者、自由摄影师、自媒体从业者、机械爱好者、手工达人等。我们带着热情投入每个角色，希望能做到最好。当面对如此复杂的情况时，只了解四象限分类法、2分钟任务、要事优先、番茄工作法，是无法满足管理要求的。

杨小姐接过话茬，举了几个例子：如果你需要在小区门口贴一

张失物启事，拿起纸和笔，3分钟就可以写完了；如果你需要把自己的观点传递给更多的人，就需要利用自媒体平台或者新闻媒体；如果你需要处理一个复杂的工作项目，就需要列好具体的行动排期和负责人员，协调多方资源，有条理地进行执行和跟进。

在职场和生活中，当事情越来越复杂，单一的方法就不能更高效地解决问题。如果一直在用旧的方法和观念来处理问题，不知道如何利用有限的时间和精力，如何管理和沟通，就只会让自己越来越累。我们需要"解放大脑，做事靠系统"。

做事靠系统，学会分类和专注，更好地解放大脑

看小松有一些不理解，杨小姐详细地讲了讲：用系统的管理方式，进行高效的获取和管理。如果想兼顾多个领域，管理复杂的生活和工作，需要有更加完善的个人管理方法。她拿出手机，分享了自己的个人管理系统（见图5）。

高效个人管理							
不断成长和进化，追求自律、高效、幸福的工作和生活							
认知修正	把时间当作朋友，尊重每一件自己承诺要做的事						
8大领域	工作事业	素质/心智	理财投资	兴趣休闲	人脉社交	体验突破	身体健康	家庭生活
6大高度和警示碑	警示碑：年度计划	个人：身体健康、自律务实、家庭为先		工作：追求卓越、要事优先、拥抱变化		
时间管理系统	一个项目的管理流程		任务 + 习惯		一天的工作流	

图5 杨小姐的个人管理系统

对于职场人而言，一个合适的个人管理系统，可以让你：

• 解放大脑，保持专注：当很多任务在头脑中的时候，会消耗大量的精力来记忆和管理，容易遗漏，而且不能专注在完成重要的任务上。

• 管理复杂的工作，做事靠系统：可以在多角色多标签的背景下，更加高效且清晰地思考和做事情，不只是把事情做正确，而且要做正确的事。

有几个方法可以更好地建立和优化个人管理系统：

1. 学会做分类：个人分类标准和原则，是高效的基础

（1）对个人的价值分类

在此，需要先了解自己觉得最重要的事情和价值观是什么？

有的阶段我们需要关注家庭，有的阶段需要关注事业，有的阶段需要关注个人成长，有的阶段则需要让自己好好放松。我们在不同的阶段有需要重点关注的事情，也有需要一直关注的事情。可以问问自己，如果只能关注4~8件事，你会怎么选择？

对于工作狂来说，绝大部分时间都会投入到工作中。但乔布斯去世之前感叹："最后悔的不是提早离开了这个世界，而是没有把更多时间留给家庭。"

对于年轻人来说，打游戏、蹦迪、聚餐可能占据了大量的时间；对于初为父母的人来说，大部分精力都放在了孩子身上；对于家庭主妇来说，绝大部分时间都留给了家庭和孩子。

每个人需要根据自己的角色以及想改进的方向，对价值观分类并划分权重。怎么划分没有对错之分，只需要更适合自己的工作和生活。

（2）对领域进行分类

如果有需要，建议根据自己的情况，把工作和生活分类，比如按照工作事业、素质/心智、身体健康、家庭生活等。把想兼顾的领域，按照大类进行区分，方便按照不同的标准进行审视，也方便进行更细致的分类和管理。

对于有这样概念的人来说，他的头脑中可能有这样一个分类，会自动把事情分配到不同的领域。对于少有这样概念的人，则容易陷入忙乱中，要么做断舍离，只保留记忆可以负担的2～3个领域，要么就用一个标准对待工作和家庭。

（3）对任务进行分类

在公司里我们是职场人，需要管理好自己工作中的项目、任务和习惯。在上下班路上，我们可以休息，可以投入时间在个人成长、休闲娱乐上。在家中，我们是父母、是儿女、是丈夫妻子，是"铲屎官"，我们需要承担不同的角色，需要关注家庭生活。在这些角色之余，我们在早晨可以是健身爱好者、跑步达人、英语达人，在睡前可以读书、写作。

不论是工作还是生活，要做的事情一般可分为4类：项目、单个任务、习惯（周期性任务）以及资料。在工作中一个需要多个步骤完成的工作，可以化为项目；每周坚持健身、每月慢跑40公里、每天写日记，可以培养成习惯；想去看一次日出、发一封会议纪要、和领导确认合同，可以看作是单个任务；对于资料，可以统一进行收集和管理。在项目、任务和习惯之间，在不同角色之间进行切换需要成本，而成本则意味着需要优化。对事项进行分类，可以更好地利用时间和精力。

当我们对每天的时间和任务，有了清晰的划分的时候，便能够更加清楚在什么时间做什么事，才能有条不紊地处理众多的事务。

①对于项目：我们需要制定项目目标、拆分项目计划、分配人员和时间，跟进执行和效果。项目可以贡献最多的价值，不论是工作中完成了某个大项目，还是生活中完成了50本书的阅读计划，在某一件事上的持续投入，所能带来的回报远超出单个的任务。

②对于任务：无论是项目拆解后的任务，还是执行单个的任务，都是我们达成目标的最小颗粒度的成分。这个层级涉及的重要紧急程度四象限、2分钟原则、番茄工作法，都是可以让我们更好地管理和提高效率的小工具。工作的优先级除了重要紧急程度，还有对工作分配的考虑，如果一件事需要其他人完成某一项任务，可以优先分配出去，同步推进其他工作。

③对于习惯：养成一个习惯需要一段时间的不计较回报的坚持，真正形成的习惯，可以慢慢释放出巨大的能量，而且可以和任务更好地结合起来。比如忙碌了2个小时之后，去跑个步放松一下；早上起来做一组健身，可以有更多的精力投入到工作中。

2. 学会管理自己的情绪，避免情绪化

很多人不太注意情绪管理，但实际上情绪会大量消耗我们的精力和能量。不只是坏的情绪，好的情绪也同样会带来很大的消耗。

- *积极的情绪：* 兴奋、开心、轻松愉悦、狂喜、激情、奉献等等。
- *消极的情绪：* 低落、失望、恐惧、愧疚、焦虑、抑郁、愤怒等等。

当我们焦虑和恐惧的时候，会很快发现自己的精力被大量消耗，兴奋和狂喜的时候也是如此。我们养成的习惯、我们的认知，都会在很大程度上影响我们的情绪走向。

没有觉察到情绪变化的时候，我们被情绪牵着走，很容易迷失在情绪里。我们会发现在热恋中的人、在极度的兴奋和悲伤中的人、焦虑的人，他们会有一些不合常理的行动和想法。

"不以物喜，不以己悲"，是很高的一个境界。每临大事有静气，情绪在某些情况下是第一生产力。我们需要去接受每一刻的情绪，不与其抗争，接受了，慢慢也就能放下了。这样才能真正地解放大脑，更好地管理自己的工作和生活。

杨小姐最后总结道："我们要解放大脑，保持足够的专注，能够依靠系统管理不同角色下复杂的工作和生活；我们需要先做好分类，学会管理需要完成的项目、任务和习惯，也要能把控好自己的情绪。"

心中有方向，手里有力量；清空自己，重新出发

杨小姐讲了很长时间，小松既惊讶她的进步速度，又发现她的很多想法和自己的不谋而合。

就像小松一直在说的："自律，才能更自由。"我们给自己定

的原则、标准和规范，并非为了束缚住我们，而是为了让我们可以更加高效地利用时间和精力，更加高效地完成那些为了更好的生活而设立的一个个目标。系统也可以让我们解放大脑，以心如止水的状态来面对工作和生活，来迎接即将到来的充满期盼的人生。

网络上有很多类似"年入百万""自媒体月入十万""30 天快速升职加薪""财务自由"这样的课程，虽然很大一部分只是在演绎什么是"标题党""割韭菜""清洗流量"，但如果想比现在更成功，确确实实有一些真实有效的方法和路径可以帮助你达成。

只是很多时候，方法成了消解焦虑的工具，而不是成功的助力。现在的环境不缺方法，不缺领路人，缺的是执行的能力和踏踏实实坚持下去的态度。

正如我们的生活，并不完全是美好的。无论自己想不想面对和接受，总是要去解决一个又一个问题。在生活的真相中，逐渐接受自己的局限、认清自己的不足、想清楚自己想要的，然后一路披荆斩棘，奋勇直上。

认知修正：避免在小事上纠结，而对要事一无所知

小松最近一直在思考之前"双 11"时的事情：买百元的充电宝时，为了省 30 元钱，熬到凌晨盯着优惠券和促销活动；但在买近万元相机的时候没怎么犹豫就付款了。想想是很滑稽的一件事，却又好像是大家都在犯的错误：在充电宝的折扣区，大家都在讨论在什么时候下单能节省 10 元钱；在相机的折扣区，大家都在讨论性能和镜头搭配。

看起来百元充电宝和万元相机好像不是一类消费人群，但除去商品价格的差别，同时买了充电宝和相机的小松，却感觉自己做了一件损失大于收获的事情。

虽然一直在做时间管理，却不知不觉陷入了另一个误区，对最重要事情的理解还存在不足。当然小松也不是不想思考如何省钱的问题，因为很多人会说：如果把相机分解成 100 个低价商品，那多关注一下折扣最后可以省很可观的一笔钱。

小松觉得自己的误区在于，对效能的认知有很大的偏差：在小

事上纠结，把最多的注意力放在对结果影响更小的事情上，而没有关注最重要的那部分投入。最重要的部分可能包括投入了最多资源地方，可以带来巨大收益但自己还未曾注意的地方，也可能是需要自己跳出现有格局提升认知的地方。

为什么我们总是在小事上纠结，在大事上无知无畏

小松之前和一个互联网领域的朋友聊天，朋友吐槽说他老婆最近特别郁闷和不解：勤勤恳恳干了一年，部门有一些难搞的脏活累活时，她会主动加班加点干完，但最后部门绩效最高的竟然是平时工作平平，一年只做了一个漂亮项目的同事。

没有人想做捡芝麻丢西瓜的人，但往往会因为捡了太多芝麻而忽视了西瓜的存在。小松问，如果抛开年终评选的公平性，有没有可能是因为她习惯了做这些难搞的脏活累活，这些反而成了她最容易获得成就感的事情，而逃避了更有创造力但更不熟悉的工作。

朋友一拍大腿，说就是这么回事。他老婆作为一个老员工，已经习惯了保持高度的责任心，以及在某些事情上不计回报地承担和付出，但是也在逐渐习惯做这些事情而忽略了做更有价值和创造力的事情。因为在兢兢业业的舒适区里习惯了，反而不太习惯跳出自己的舒适区，去做更有挑战和价值的事情。对她而言，失去了一些更好的成长机会。

在突破职场瓶颈的时候，如果不能一直朝着更高的目标迈进，选择更有挑战性的事情来做，就会在某一次成功之后，陷入舒适区

的瓶颈。朋友的例子其实在职场中很是常见。但从商业竞争的层面来讲，个人价值的溢价是需要撬动更高杠杆率的结果带来的。

也就是说，公司给你的薪酬是让你保质保量完成分内工作的，如果想要有更多绩效的认可，要拿到更好的绩效表现，需要创造出更有价值的结果，尤其是在现在不缺任劳任怨员工的职场环境下。

那为什么我们总是在小事上纠结，而忽略更重要的事情？其实道理很简单，不论在生活中还是职场中，所做的事情随着我们越来越熟悉，难度越来越低，以前很棘手的事情到现在很轻松地就可以被搞定，在这个时候，最初的重要的事情实际上已经转换成了"小事情"。

面对一件最开始很棘手的事情，我们从最初的恐慌区，进入了学习区，最后进入舒适区。当"小事情"越来越多，当我们长时间没有做出突破，没有选择一些更有挑战的事情，我们就会慢慢地被这些"小事情"包围，以至于看不到更重要的事情，也就没有更进一步的跃升。最后陷入了在小事情中纠结，在大事上无知无畏的怪圈。我们没有做错事情，或者说问题在于：我们没有及时迭代自己，坚持做正确的事情。

发展式看待"要事优先"，才能撬动更高的杠杆

小松换了工作之后，有长达两个月的适应期。并非专业能力不能满足工作需求，恰恰相反，他的专业能力是过剩的，之所以不适应，是因为职场角色发生了变化，撬动的杠杆变成了管理能力、沟通能

力和执行力。

每当在职场中面临持续的新的挑战，也就意味着进入了新的成长的拐点。旧的认知和经验不足以支持新工作的要求，在繁忙的工作中，需要修正认知，尽快进行角色切换。

小松一直相信：所有的真理也不及我们自己某一个思维转变的瞬间，思维转变可带来认知的改变、行为的改变，促使我们养成某种习惯，从而最终改变了自己。

1. 避免故步自封，正确认识"要事优先"

要事优先，顾名思义就是把当下最重要的事情放到第一位。

要事不是指重要且紧急的事情，因为这种事情是没有太多主动性和规划性的，而且如果身边都是重要且紧急的事情，那说明工作和项目管理出现了问题。要事指的是重要不紧急的事情，能够有时间去思考、规划、落地执行和完工的事情。

有一个简单但有效的方法，可以帮助我们把每周和每天的工作按照重要紧急程度的4个象限进行拆分：首先攻克重要且紧急的事情；然后每天安排集中的时间，处理重要不紧急的事情；不重要但紧急的事情最好能安排给别人；不重要不紧急的事情在最后做或者不做。

对于不重要的事情来说，可以做但要把握投入的时间，做得越多越降低自己在职场中的价值。同时，重要的事情是随着项目的推进、职场的发展不断变化的，要坚持对自己的迭代，不断提出更高的要求，确认下一阶段最重要的事情。

2. 升级思维模式，一手战略，一手执行

卡内基·梅隆大学的兰迪·波许教授说："困难就像是一面墙，并不是为了阻挡我们，而是让我们有机会展现自己有多想达到目标。"

在我们做出改变之前，需要先升级自己的思维，视线要看向远方，行动也要跟上。比如每天花 10 分钟思考现在做的事情背后的价值：你是如何看待这项工作的？你的领导是如何判断工作的完成质量？你想从这个工作中获得哪些结果？在领导的眼中，这个工作有哪些不可取代的价值？

不要说好高骛远，哪怕只是一个最基层的员工，除了管理自己一亩三分地的事，也要学会向上管理。在执行的同时，要从全局的高度要求自己，要做更多的思考和新的尝试。在初始阶段，专业能力的提升是相对简单的，但到了一定瓶颈想要突破困境，就需要升级思维模式，进行全局思考，不断解决问题。这是每个人向上走的必经之路。

3. 建立自己的原则和习惯

在工作和生活中，最有影响力的，是那些能够对内坚持原则、对外保持灵活的人。坚持原则可以帮助我们规避风险和不必要的投入，灵活对外可以让我们更加有效地寻找解决方案，达成目标。

（1）建立属于自己的原则清单

在工作和生活中不断积累和实践自己的原则清单，比如：

- 要求自己坚持做正确的事并把事情做正确。

- 对外保持灵活，对内坚持原则。
- 先做"必做之事"，再做"想做之事"。
- 做长期主义者，寻找不确定中的确定。最后通过持续积累，带来不断的成长。

（2）计划和回顾清单

用一些具有仪式感的活动和工具来帮助自己，提升效能，比如：

- 晨间日记（包含任务清单）。
- 每日总结回顾、定期项目复盘。
- 年度计划、周回顾与计划。

很多天赋出众、资源条件优渥或者抓住了高杠杆率机会的人，比较容易脱颖而出，但对于大多数普通人而言，想要什么都必须要有同等甚至多倍的付出。正确认识要事优先，及时更新自己的思维和认知，不断积累和坚持工具方法论及自己的原则，才能不断地进步，实现撬动更高杠杆率的目标。

如果你想不断取得进步，却一直在小事情上投入了过多的精力，那么你需要停下来反思一下自己的目标以及如何去改变现状。小事情可以让我们不断积累，获得成就和安全感，但重要的事情以及核心计划，是影响我们不断突破的重要因素。

不在小事上纠结，但要在重要的事情上关注细节

对于企业和个人，关注细节，是很重要的一件事。

京瓷的创始人稻盛和夫有一次坐车时，听到车身和引擎有轻微

的异响,他对司机说:"这声音和平时不一样,车可能有问题。"可司机没听到异响,觉得车没问题。最后把车开到修理厂检查,果然发现,汽车滚珠轴承的弹子少了一颗。

互联网企业的商业模式和实体企业有着巨大的差别,这很大程度上导致了两者对细节的关注程度不一样。对于实体企业来说,某一个指标出现0.1%的变化,对最终生产的产品就可能有着极大的影响。

对于互联网产业,跑赢商业模式就能赢得未来的粗犷式发展时代也慢慢过去了。随着越来越多的企业进行线上和线下结合,互联网产品不只是提供服务和便利,有时候会承接线下企业的一部分职能,比如提升车辆调度效率的滴滴,改良驾驶体验的无人驾驶,加强房屋租住效率的贝壳。这些企业不只面临提高效率的问题,同样也面临安全的问题,一个意外就可能发生很恶劣的影响,也就是我们常说的"黑天鹅"事件。

"黑天鹅事件"指难以预测且不寻常的事件,通常会产生重大的影响。随着这几年各大企业"黑天鹅事件"频出,企业也越来越关注利用组织管理来降低错误率、提升人效,尽可能让发展走得更稳更扎实一些。

对于很多人员分工明确、一个萝卜一个坑的企业,日常工作中有70%的工作内容是重复性的,每一个重要的项目也都是由无数个细节积累起来的。把这些事情井井有条地安排和处理好,极为考验企业的管理能力以及个人的做事习惯。

细节可能暂时决定不了你的输赢，但很可能让你在不经意间输得很惨。纽约交易所在 2010 年的一天，道琼斯指数（股票价格平均指数）瞬间暴跌千点，创史上第二大单日波幅。事故的原因是一个交易员在操作时打错了一个字母，将百万错打成了十亿。

京瓷的创始人稻盛和夫对每一件生产的产品，都有着近乎苛求完美的耐心和要求。近乎变态地注重细节，也是乔布斯成功的秘诀之一：做苹果电脑的系统时，他甚至会一个像素、一个像素地去观察效果，力求每个细节都做到极致的完美。优秀的人对细节都有一种近乎执拗的关注。和乔布斯一样，雷军在每次发布会前都会对发布会方案一遍一遍地修改，小到一个色块的选择，大到一个图片在大屏幕上的效果，都会苛求完美，甚至经常在发布会前一两个小时，对方案进行多次细节调整。

在我们被时代裹挟着向前奔跑的时候，需要明白这并不是工作和生活永久的节奏，我们需要时不时地停下来，关注所做的事背后的细节，围绕细节不断地打磨和调整，不断地提高要求，才能把事情的失误率降到最低，才能离卓越更进一步。

行动管理：做好这5步，脱离低效率怪圈

作为北漂一族，小松希望自己能够珍惜每一天，能够在不同阶段的机会和挑战中，更加高效地工作，保持快速成长。

临近春节了，小松和杨小姐在咖啡馆做了今年最后一次交流。经过多次沟通，两个人完善了个人成长的基本方法论。之后的讨论主题围绕高效工作和生活、工作行动和情绪的管理而展开。

"965"或者"996"，是你的选择还是被选择

之前"996"（早上9点上班，晚上9点下班，一周上6天班）的言论盛行，对于是否应该加班，有很多的讨论和争议。有的人表示理解，有的人强烈反对。小松的感觉是很多的个人评论和企业言论没有在一个维度上碰撞。一方强调的是"996"内含一分付出一分收获的精神，另一方吐槽的是机械地被剥削的"996"工作制。当然这些言论本身就有很大的争议性，企业家说出来很容易引起

员工的负面性情绪，而且在内部信息的传递过程当中很容易扭曲成硬性要求。

不管是"965""996"，还是"007"，杨小姐在这几年都经历过。她在工作中收获最大的时期是跟着项目走的阶段性的"996"和"007"，但在长时间的加班之后需要一段时间的恢复和调整。在"965"的时候，她则利用业余时间进行个人成长。综合来看，杨小姐这几年的成长，以及获得的职场回报，实际上和是否"996"并无直接关系。

"996"背后隐含的是对时间的利用和产出效率。如果公司组织的效率过低，用战术的勤奋掩盖战略的懒惰，"996"很可能远不如"965"的产出高，甚至可能越忙"死"得越快。这些情况下，无效的时间利用是最致命的问题。

对于个人来说，公司的要求和个人对工作和生活高效利用时间的要求，实际是两件事，尤其是互联网企业。随着中国人口红利逐步消失，今后企业和个人的发展会越来越趋向降本增效（降低成本，增加效益）。高效地工作和生活，也是提升个人竞争力的一个重要保障。

无论是公司业务繁忙需要"996"，还是因为"领导不走，员工不走"的伪加班现象，小松和杨小姐两人都认为，每个人心里要有一杆客观的秤，来评判自己是否在高效工作。评判清楚了，才能真正地高效工作和生活。

高效工作和生活的 3 个好处

1. 有更多可利用的个人时间

高效地完成工作任务之后，会有更多的个人时间，这是最直接的好处。这些时间可以投入到家庭、兴趣爱好和个人成长上。有家庭的可以多陪陪孩子和爱人，每周看个电影放松一下。像小松这样的北漂，会选择把大部分时间用来实现个人成长。

利用早上、下班后和周末的个人时间阅读专业的书籍充电，学习时间管理和个人成长的知识，做一些感兴趣的事情，经常跑步保证体能的充沛，等等，都是可利用个人时间的活动。在个人时间里通过学习和实践不断成长，建立起习惯后，可以更加快速地提升自己。

2. 接触新事物的时候更有目标感和规划感

高效工作和生活，实际上是一个良好的习惯，在做事的时候能带来更强的目标感和规划感。

比如说小松喜欢摄影，下班后会学习相关的理论知识和技巧；日常中有意识地积累美学修养，拓宽眼界；平时外出和旅行的时候，拍摄喜欢的照片。虽然摄影不一定能成为小松谋生的手段，但他可以借由摄影从更多的角度观察生活，带来很多的乐趣。

3. 职场上更有竞争力

小松有一个刚毕业两年的学弟，他以一种令人瞠目结舌的速度在公司承担越来越大的项目，很快得到升职加薪。小松好奇地问他是怎么做到的，学弟说不是他本身比别人优秀，而是他对于不了解的领域能够快速学习，并能长时间保持专注，这样就可以比其他人更加高效地完成任务；再加上他善于沟通和表达，懂得抓住机会，做事不仅高效，而且还投入了足够多的时间和精力，于是他很快取得了不错的成绩。

个人效率的提升，本身就可以产出更多的价值。当我们可以更加快速且高质量地完成工作，可以为团队带来更多贡献的时候，就能撬动更高的杠杆，提升在职场的竞争力。

成为高效达人的5个方法

1. 晨起仪式：心如止水，精力充沛

早上是最不容易被打扰的一段时间，对于经常加班的人更是如此。很多高效率的人，都喜欢在早上安排一些重要的事情，比如处理最重要的工作、安排当天的行动计划或者锻炼一下身体。利用好早上的时间，可以更加高效地管理一天的工作和生活。

2. 要事优先：优先完成最重要的事

管理大师彼得·德鲁克说："没有比高效率地去做一些无用的事情更加浪费时间的了。"工作时一些低效率的现象，其中最常见的就是不断被手机发出的提示信息干扰，不自觉地打开手机刷刷新闻、回复一下消息。于是，正在处理的工作一再被打断，甚至只能靠加班来完成。

无意识刷手机的习惯实际上是一种焦虑感的蔓延，导致我们不能专注于工作。对于职场人来说，每工作一到两个小时可以暂停一

下，转换工作节奏，不但可以帮助我们恢复精力，也可以从另外的角度检视自己在做的事是否在正确的方向上，看看需要做哪些调整才能更高效地达成目标。

3. 高效沟通：本身就可以解决很多问题

在工作中，另外一个阻碍高效工作的问题是重复和无效的沟通。比如一件事要和很多部门来回地沟通，一些没完没了、需要多人参加的又未能得到结论的会议。高效沟通有5个必要的要素：目标明确、利他主义、学会倾听、保持专注、达成一致。（见图6）

```
┌─────────┐   ┌─────────┐
│ 目标明确 │   │ 利他主义 │
└─────────┘   └─────────┘

┌─────────┐   ┌─────────┐
│ 学会倾听 │   │ 保持专注 │
└─────────┘   └─────────┘

      ┌─────────────┐
      │  达成一致   │
      └─────────────┘
```

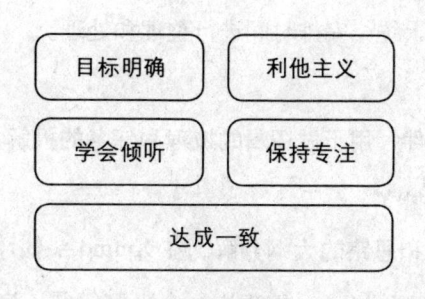

图6 高效沟通的5个要素

对个人的沟通来说，能够先从他人角度思考和倾听，然后进行逻辑清楚的沟通，是高效沟通的基础。对团队来说，明确的会议目标和一个高效的会议主持者，是最终能达成高效沟通的保证。

4. 定期回顾：工作日志及定期复盘，回顾目标和反思

对于每天的工作以及重点的项目，可以定期做一个复盘，检视自己的任务完成情况，总结经验和教训，提炼出可以复用的方法论。

这样可以帮助我们减少每天陷入时间黑洞的次数，以后再处理类似工作时的效率也会大大提升。

5. 善用工具：一些好用的工具推荐

（1）2分钟原则

对于临时的任务，如果在2分钟内可以完成，可以停下工作尽快去做；如果超出2分钟，那就先记录下来，稍后对这些任务做统一处理，这样可以保证工作的高效。

（2）Inbox

收件箱。可以是一个文件夹、便签、文档，随时把想法和临时的任务记录下来，统一安排时间进行整理和处理。

（3）Xmind

思维导图软件，用于做逻辑的梳理和任务的拆解。

（4）Workflowy

可以做文章和思路的大纲分解。在Xmind头脑风暴后组织成思维导图，然后在Workflowy整理出一个大概纲要。资料可以多平台同步，方便随时检查。

（5）Omnifocus/Doit.im/滴答清单

时间管理软件，适合多项目和多领域任务需要同时跟进的人。

（6）印象笔记

知识管理软件，用来记笔记和整理资料。

（7）aTimelogger

记录每日活动时间的应用程序，用来记录自己的时间花费在哪些事情上，据此可定期做一些回顾。比如小松统计全年的运动时间后发现，平均每天投入 20 分钟，就可以保证完成一年跑完 500 公里的目标。

（8）纸笔

无论工具有多么优秀，小松从小固有的习惯，是喜欢在纸上用笔写写画画。纸＋笔，是最便利且可靠的工具。

（9）身边优秀的人

除了纸笔和一些软件工具，人其实也可以当作工具。找到领域内优秀的人并以他们为榜样，向他们学习方法，同时用优秀的表现来激励自己。了解清楚你需要做什么事，了解你的时间花在哪里，然后重新做时间分配和精力管理。

情绪管理：突破升职加薪的最后障碍

今天是春节前最后一天上班，小松早早地下班，收拾完回家要带的行李，就坐在书桌前整理上一周和杨小姐讨论的工作情绪管理。他一边回想着两人交流的内容，一边想着这几年发生的事情。

每到年底，总是会几家欢喜几家愁，有的人努力工作了半年顺利转正，给自己奖励了一顿大餐；有的人跟了一个项目很久，最后顺利交付；有的人辛辛苦苦做的一个方案，领导看了一眼就提出一堆的问题；还有的人每天加班，任劳任怨，年底加薪的名额却给了别人。

在职场中，尤其对于职场新人来讲，每天都会有很多情绪上的变化。正向的情绪会激励同事和团队，负面情绪却会以更快的速度传播，给工作的开展带来很多不良影响和阻碍。

关于职业发展能力有一个 T 型人才增长模型，如图 7 所示：

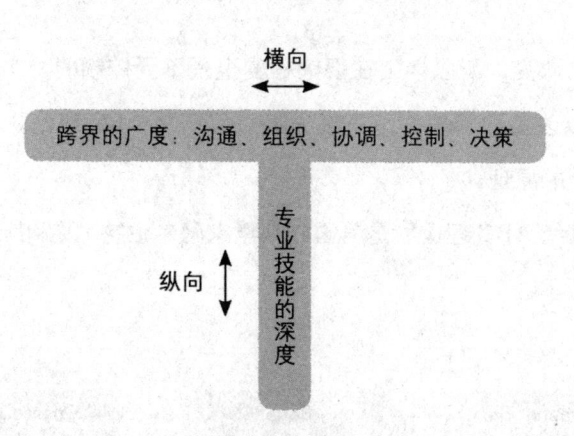

图 7　T 型人才成长路径

横向的能力决定了我们是否能够在职场中进行调配资源、组织管理等工作，最终高效产出结果。在人员和组织结构成熟且复杂的公司，尤为重要。纵观有一些规模的公司，任职经理或总监以上级别的人才，均需具备强横向能力。纵向的能力是我们的立命之本，是我们在工作中实现个人价值的基础，也是抵抗职场风险最稳健的保障。在职场寒冬的浪潮中，也会成为最有力的护身符。

对职场人来说，无论是新人还是老员工。除了积累专业的技能和经验这类纵向的硬实力，情绪控制、抗压能力等横向的软实力也同样重要。情绪控制和抗压能力，或者说承受委屈的能力，是职场中必须不断修炼的技能。

修正关于情绪的认知

大多数人都从某种程度上了解自己的情绪，却不知该如何控制情绪。关于情绪，有一种普遍的看法是：情绪和性格强相关，因为性格无法改变,所以情绪在很大程度上是不受控制的。实际上,情绪是可以改变和管理的,可以先通过"情绪 ABC 理论"了解一下情绪产生的原理。

"情绪 ABC 理论"是美国心理学家阿尔伯特·艾利斯创建的,如图 8 所示:

Activating Event	+	Belief	=	Consequence
发生了某件事情		你的理解和认知		情绪及结果

图 8　情绪 ABC 理论

A+B=C,管理情绪的重点在于 B,也就是我们的认知、价值观和信念等一系列的集合体。每个人的认知是有差别的,这也就是说,同样发生了一件事(A),对不同的人(B),可能会带来全然不同的情绪反应(C)。

关于"情绪 ABC 理论",杨小姐举了一个例子。她在前几年还身为乙方的时候,有一次接手了一个棘手的烂摊子。原来的项目负责人因为客户对预算安排有疑虑,经过几次沟通,负责人依旧坚持让客户增加预算,最后客户直接发送邮件给负责人的领导质疑服务不够专业。这导致在下一次会议的时候,负责人和客户现场闹翻,带来了很严重的客情危机,直接导致整个项目团队被换掉,杨小姐也正是从那时候被抽调过来负责这个项目。

在内部项目复盘的时候,大家很疑惑明明客户没那么复杂的需求,为什么最终会导致这么严重的结果。后来发现,原来的项目负责人是一个专业水平高,且极为关注自己能力是否得到认可的人,客户多次的质疑导致他积累了越来越多的负面情绪,最后一次性爆发。

在真正情绪爆发的时候,日常所说的利他思维,从他人尤其是客户的角度去考虑事情,我们是很难做到的。也就是说,我们知道解决问题的方法,但错误的认知带来不合理的情绪,影响了理性的判断,最终造成难以挽回的后果。

面临同样的问题,杨小姐习惯先从客户的角度去理解问题,实际上,就因为这样一个不同的认知,从最初接手维护客情,到后面两年的服务过程中,双方都配合得非常融洽。也因为扛住了这样一件事,杨小姐同时负责了更大的客户,半年时间从主管升到了高级经理。

这是一个利用"情绪ABC理论"来帮助自己管理情绪、升职加薪的例子。生活中的每一件或大或小,或严重或轻微,或紧急或有缓冲的事情,都会带来很多不同的情绪反应,所以,在依靠理性思维判断的同时,我们也需要不断调整认知和信念,养成理解和疏导情绪的习惯,利用本能来帮助自己。

不同事情所带来的情绪,经过大脑的思考和反应,会被重新分解、组织和整理成不同的反应,最后表现在行动上面。这同时也意味着,我们可以通过不断强化心智,不断调整自己的价值观,让自己的行为更符合理性情况下的期望。

关于情绪,很重要的一点认知是:情绪是可控的。职场中情绪失控的来源，大部分时候的出发点是内部和外部的冲突导致的。这些都是职场中经常见到的一些真实情况，内部自我认知和外部的实际情况之间不均衡，造成的落差导致了矛盾的爆发和情绪失控。

在情绪管理的领域，修正认知是第一步，通常会从 3 个角度进行：

1．调整看待情绪的视角

视角是职场中经常会提到的一个词，当遇到情绪冲突的时候，可先让自己避免在正在处理的事情上做下一步的决策，换句话说，当意识到自己难以处理情绪时，先停一下。

从心理学的角度来看，当我们的情绪处于难以自制的状态时，会极大地干扰正常的思考能力，这个时候无论是做出反馈还是决策，都容易做出不理智的决定。稍微停一下，过半个小时，或者第二天再来处理这个事情，情绪稳定下来之后的决策会好很多。

调整情绪的过程，是以不同的角度来看待这件事的过程。从这件事的角度，从这件事所在项目的角度，从公司业务的角度，从老板的角度，都会有不同的思考结果。

如果可以换一个角度考虑问题，慢慢放下对某些情绪的执念，也可以不断拓宽自己观察事情的视角。变化始于观察和思考，行于行动计划，终于不断的积累和调整。

2．打碎玻璃心

打碎玻璃心，也就是提升承受委屈的能力。玻璃心并不是一个负面词语，而是阻挡在前行路上的石块。小石块相对容易踏过，大石块却很难越过去，甚至无法直接绕过去，要么原路返回，要么选择另外一条未知的路。

职场上的委屈，正如我们需要面对的大石块，是很常见但又很容易限制我们成长的障碍。真正的成长和瓶颈的突破，势必会伴随着许多挑战和压力。打碎玻璃心，锻造一个能承受更大冲击的心脏，是面对职场困难时更有效的必备素养。如果一直捧着玻璃心怨天尤人，会不断带来更严重的后果。

3．实事求是

小松之前在上海出差的时候，抽空去艺仓美术馆看了鲍勃·迪伦的展览。作为一个作家、音乐家、表演艺术家，鲍勃·迪伦曾说："许多人都知道生活本身就是一个笑话，但是你我早就过了那个阶段了。这不是我们的命，所以我们别假装痛苦了，时间已经不早了。"

实事求是是最普通的"大道理"，在工作中经常被提到，很容易被要求，但又很难坚持。因为实事求意味着我们要客观地去面对好和不好的事情，也就是说，我们要去面对真相，这些与我们的天性相悖。好的事情发生时我们容易得意忘形，坏的事情发生时我们容易焦虑压抑，这都是生物本能的应激反应。

要做到得意而不失意，有向前的压力又不至于情绪失调，需要不断根据实事求是的原则进行训练，训练我们做出反应时的思考、后续的行动计划，以及通过最终的结果反思是否在按照实事求是的标准来要求自己。

正如鲍勃·迪伦那段话中说的，我们需要直面生活的真相、工作中的真相，以及最真实的自己。这不是一条简单的路，但对自己的职业发展是很有价值的一条路。

利用情绪帮助自己，突破升职加薪的边界

梁冬在采访朱清时教授时，问到他对禅定的看法，朱清时教授说："一个生病的人因为生命力的暂时减弱，会很难感受到身体的变化。禅定是不断感受身体变化的过程，也是不断重塑大脑的过程。"

我们的情绪也同样如此，当长期处于压力、暴躁的情绪下，我们很难正确认识自己真实的想法和问题。不断感受情绪的变化，通过思考情绪背后自己认知、行动以及方式方法的问题，是最重要的第一步。

发现问题是改变的第一步，也是掌控人生的第一步。管理好情绪，不但可以更好地应对职场中的状况，也可以让我们更好地管理工作和生活。

作为一个大部分时间很安静又敏感的人，小松一直认为自己情绪管理能力比较差，需要很长的时间来处理和消化负面情绪，所以就养成了一个习惯：遇到难以控制的情绪，强迫自己先放一放，不立马做决定；在第二天写晨间日记的时候，再把这件事拿出来重新分析一下。

过了一晚上的时间，大部分情绪都会平复，也能更加冷静地来考虑自己情绪爆发或者波动的原因，通常这样可以找到一个很好的处理事情的方式，也可以发现自己的不足。大多数情况下情绪背后

的问题，都可以通过不断地思考和学习来根治。

情绪没有好坏之分，情绪是组成真实自己的一部分。当独自面对自己的时候，没必要去掩盖自己真实的情绪。通过思考自己当下的情绪，我们可以了解自己的不足和自己认为真正重要的东西。

如果你一直很丧，那就多出去走走，见识更多的人和世界。

如果你一直很忧郁，就做一些让自己开心的事情，让自己不要沉浸在忧郁中。

如果你一直很易怒，那就多站在别人的角度看待问题，试着放下让自己纠结的事情。

让自己先迈出第一步，先去做一些可以改善情绪的事情，而不是任由情绪不受控制地发泄出来。当自己可以初步控制情绪之后，通过不断地思考和向高手学习，修正自己的认知，然后列出明确的行动计划，不断去执行和进化。

学会管理情绪，是职场发展很重要的部分。当心智越来越成熟，能力模型越来越完善，我们的情绪管理能力也会越来越强。在工作中，这是在基础的专业能力之后，让自己升职加薪的很重要的杠杆力。

第四章

职场笔记：

做正确的事和把事情做正确

老松的职场笔记：一场即将到来的告别

北漂 7 年，小松已成长为老松，虽然北京是除了家乡他待的时间最久的城市，但他一直没有很强的归属感，对于他而言，北京更像是一座他来了就知道自己今后会离开的城市。

但这也并不妨碍老松从小松开始，在这座城市一点点地成长，他认识了很多朋友，经历过也见识了会影响一生的点点滴滴。在离开之前，他打算把一些关于职场微不足道的经历写下来，这里面没有血雨腥风，也没有跌宕起伏的励志故事，更像是很多北漂人下班后走在路灯下，投到地上的影子。仿佛是你，仿佛是我，也仿佛是自己刚来北京时有些呆愣的样子。

这个想法老松在上次回家过年拜访老胡的时候也提过。老胡说写文字是先内后外的一个过程，他认为这几年老松一步步有点笨拙但是很踏实地成长，相比刚毕业时有了很大的提升，也算是积累了很多的思考和实践。如果能够输出成文字分享出去，或许可以帮助更多的人。

老松打定了主意，对职场笔记的内容也有了一些思考。包括毕业生的就业选择，离职时需要避开的误区，有价值的职场认知，以及如果想在职场不断挑战过去的自己，该如何去做。这些问题不如浓茶提神，也不如烈酒辛辣。这里面也许有似曾相识的故事，也许有即将收获的经验，酸甜苦辣都是经历，尝一尝、试一试，五味俱全的人生才比较有意思。

未来已来，也许有着更多的精彩。

就业选择：毕业生不要只考虑眼前

每年 7 月份，众多毕业生陆续开始了人生第一份全职工作。很多人在毕业那会儿都一样：有一份对自由的冲动、一份对成长的期盼、一份交给未来的迷茫、一份交给社会的不安。老松离开校园有 7 年了，现在回头看初入社会的日子，他的第一份工作从品牌设计开始，后来做营销直到现在，恍如隔世。

人体的细胞平均 7 年会完成一次整体的新陈代谢，所以李笑来说 7 年就是一辈子。7 年过去了，老松虽未到而立之年，最近也在痛苦和希望中挣扎，但有种一世即将完结和新生的征兆。

第一份工作，需要避开两个坑

1. 第一个坑：忽视校招

部门有几个实习生，给人的第一感觉是很谦虚，对工作内容也充满了热情。领导安排工作后，若有问题，他们会向前辈们请教，并把每一个或大或小的工作认认真真地落实下去。熟悉之后发现他们大都是北大、武大的高才生，曾在各自学校获得过很多荣誉，而他们在职场举重若轻的态度和基础能力也让人感叹。

之前公司准备校招面试的时候，老松意识到自己当年竟然没参加过一次校招面试，是的，现在看起来很基本的一个事，他在当时偏偏没有参加。可能是学校不起眼，优秀的校招企业比较少，也可能是一直在外地实习，未能注意到相关信息。

优秀的企业，如今都很重视对校招生的选拔和培养，薪水不错，而且也有成熟的培养和晋升体系。很多大企业都有社招群，方便毕业生取经或讨论信息。毕业生能从万军中杀出，拿到一份优秀企业的 Offer，是一个很好的起点。当然这只是起点，未来刚刚开始。准备好校招面试，可以避免让你直接进入社招应聘的激烈竞争之中，尤其是求职环境不好的情况下。

2. 第二个坑：回老家或者留在城市，忽视做合适的选择

毕业的时候，大部分人会面临一个人生难题：是去大城市奋斗，还是回老家找一个稳定的工作？

刚毕业时，父母希望你能留在身边，找一份安稳的工作，不至于很辛苦，也能经常照顾你。毕业几年后，父母希望你能回到他们身边，早点成家立业。30多岁的时候，父母年纪也大了，觉得你在城市奋斗了几年，努力过、拼搏过了，相比你需要他们，他们更需要你。父母的期盼与自己想走出一条路，两者的冲突，是很多人一直烦恼的话题。

包括现在说的"逃离北上广""逃离国企拥抱互联网"等等，

大家都在做出不同的选择。实际上选哪条路并无对错之分，不会说选择了大城市就更自由、更有前景，也不是选择回家就没有追求或者贪图安逸。大城市的机会和发展平台要好很多，但相应的，也需要付出很多的努力才能站稳脚跟，混出来的，是很少的那一批人；老家的机会虽然没那么多，但生活的幸福感要比在大城市高得多。

做选择之前，多思考自己希望做的事，也多和身边的前辈请教。自由以及幸福感和在哪座城市生活并无直接关系，选择适合自己的路，然后努力经营自己的生活。

第一份工作：人生第二次生命

我们一生有大部分时间都在工作，离开了校园相当于迎接了第二次生命。第一份工作，或者说初入职场，以下几个认知对自身长期发展很重要。

1. 有工作规划的意识

怎么规划自己的职业发展？如果不是在稳定性极高、极为成熟的企业里（现在已经很少见了），5年以上的规划都是鬼话，比较合适的是做3年以内或者一两年以内的规划。

和一个朋友聊天的时候，关于职业的选择，他建议：

要么选准一个行业，做扎实了、做透了，哪怕起点低，从销售到专业主管再到中高层管理，这样用10年或更长的时间，保持持续的努力和进步，成为行业专家没问题，也可以胜任经理或者总经理的位置。

要么就走某一领域技能专家的路线,在不同的行业里进行尝试和积累,也可以成为该专业领域的大拿。最不建议的选择是一直在更换行业内容和岗位内容,得不到积累,干得越久价值反而越低。

2. 不要立即要求回报

任何人在"菜鸟时期"都需要努力做事、保持成长,所以加班加点的现象是正常的。第一,个人能力不够,导致工作效率低;第二,在不足以靠才华创造价值时候,要靠时间和工作量创造价值。如果你哪天足以在行业里成为翘楚的时候,根本无所谓加班——任何行业都是!人不成熟的一个标志就是立即要回报。

职场新人的付出和收获需要更多的时间,如果刚付出的时候就想着得到回报,只会在持续的失望之后,立马放弃,然后转移重心到另一个可能带来快速回报的事情上。在想要得到之前,要先主动付出。

3. 学会自律

好朋友的公司每日有免费三餐,加上不注意周末的饮食,他的体重在半年内涨了20斤,大学时的翩翩少年肉眼可见地胖了起来。同届的另外一个朋友,工作之余熬夜到很晚,疯狂地打游戏,一段时间下来,整个人的工作和精神状态都不太好。职场新人在刚进入社会的时候,会看到很多新鲜事物,有很多"鸡血",也有很多诱惑。在职场中保持稳定持续的进步,需要自律,懂得管理自己,需要在三个方面提醒自己:

(1) 要敢于改变自己

刚踏入职场的时候，我们如一个新生儿面对社会，这是建立习惯和认知的最好时期。要敢于改变自己，比如与人沟通的方式、处理事情的方法、面对困难的心态，以及没有老师时刻提醒自己的落差。

这也意味着我们需要跳出舒适区，勇于去打破旧的思维观念和不好的习惯。刚踏入职场的时候，敢于并习惯于改变自己，不给自己设限，会为以后的发展打下良好的基础。

(2) 保持积极的情绪

在职场中，遇到困难之后的情绪管理，永远是一个特别值得关注的领域。之前有一位程序员骑车逆行被交警拦住，积压的情绪到了临界点，崩溃后在路边大哭。成年人的世界，情绪失控只在一瞬间，但失控后很快重新进入工作的状态，也是职场人需要具备的素养。负面情绪容易带来不好的影响：工作效率降低、工作完成质量下降、与同事相处不融洽，甚至会带来长期焦虑和习惯性放弃。

职场会给你成长的空间，但不会一味地让你沉浸在负面情绪的痛苦之中。没有人看到同事带着消极的情绪还依旧愿意愉快地合作。学会管理自己的情绪，保持积极的状态，是必须要求自己做到的事情。

(3) 学会学习

人相比动物，最大的优势是善于学习。职场的发展，离不开持续的学习与思考。互联网社会每天都有很多的变化，但基础的核心知识并没有快速迭代。在了解新鲜技术和知识的同时，保持主题式学习的状态和心态，可以让你更加适应职场的变化，建立自己的核心竞争力。

职场中每个人的工作内容和目标，每年都可能发生快速的变化。要保持学习的态度和习惯，跟上行业的趋势，提高职业的素质和专业的技能，多向比你优秀的或者在某一方面成功的人学习——这些是建立职场竞争力的保障。

推荐给职场新人的几个好习惯

对于前几年的毕业生来说，找工作没有很多的选择，也没有太多高估值的互联网公司，现在的产品、运营、新媒体、用户增长之类"吃香"的互联网岗位，当时都可以叫策划，找工作的途径也是在网上投简历。老松毕业前参加了几场面试，选定了一家单位，然后就扛着行李奔赴北京，加入了北漂大军。

7年时间，老松从一个说不好普通话、自卑、焦虑的职场新人，逐步走向勇敢、自律、有力量的自己，实现了一个又一个目标，有力量和勇气去追寻更加幸福的生活。这几年有几个一直在坚持的工作习惯，帮助了老松很多，也从身边很多优秀的人身上得到了验证。

1. 利用好时间是高效的基础：做时间管理

曾经有段时间老松做时间日志，发现一天的记录里，竟然有很多时间都在刷新邮件、看工作群消息、逛网页等等，打算重点完成的工作反而没有投入太多的时间。初入职场的人，经常会遇到的问题有：随时被琐事打断；容易忘记领导的需求；一天到晚在忙，但没有产出；不知道先做哪个工作；等等。

学会一些时间管理的方法和技巧，比如番茄工作法、2分钟任务法、每日工作计划清单等，对于职场新人，在高效完成工作、有条理地推进工作任务等方面很有效。

2．更高效地利用早晨时间：晨间日记

乔布斯、比尔·盖茨、雷军、潘石屹等成功企业家，都有晨起的习惯。早上的工作效率很高，而且是一段不被打扰的时间，利用好了，可以大幅提高一天的效率。

老松在2013年9月开始写晨间日记，到现在写了1600篇左右。习惯的力量，给老松带来了很大的改变。

现在每天早晨写日记之前，老松都会看看去年的今天，前年的今天，5年前的今天……看看同期的自己是什么样的状态，因哪些事苦恼，因哪些事开心，有哪些成长，有哪些教训，认识了哪些朋友，现在已经不再和哪些人联系……每次看都有一种经历一次轮回的感受，深刻且警醒，不禁在书桌前坐直了身体，静静地沉默一会儿。

晨间日记可以让我们在早上对昨天的事情、情绪、感受做一个回顾，并给今天的重要任务做一个简单规划。每天10分钟，在不断地回顾中重新思考、改善，这可以让你感受到持续成长的快乐。

3．养成锻炼的习惯：跑步

很多大公司的CEO都有晨起和跑步的习惯，苹果CEO库克每天3：45起床，查阅邮件然后去健身房锻炼；老松的偶像杰克·多

西在 5：30 起床，开始冥想和慢跑。村上春树曾说："跑步让我维持规律生活。"

大部分人踏入职场是在 22 岁，而人的身体在 25 岁之后会有一个下滑。工作之后不规律的生活习惯加上自然规律的影响，体重会不可控地增加，身体机能下降，不能再像以前一样无所顾虑地熬夜、通宵、暴饮暴食。

养成锻炼的习惯，实际上更多的是意志层面和懒惰心理的较量。未必需要付出很多时间，根据兴趣去跑步、瑜伽、健身等等，每周 2~3 次，每次 0.5~1 小时，科学的锻炼可以帮助你将年轻的、健康的身体状态保持更久。

老松从 2013 年开始慢跑，到现在坚持了 7 年，总共跑了 3000 多公里，跑量并不多，但是给自己带来了良好的情绪、意志力、精力方面的影响。有规律的生活，更好地与自己相处，也会让自己更自由。《雨中的 3 分 58 秒》中有一段对话耐人寻味：

"今天你跑了没？"

"鱼在水里能不游吗？"

4．和钱打交道：学习理财

有个老乡，毕业后工资不高，但是消费水平很高。买的、用的都是一些高档的商品，最后把很多张信用卡都刷爆了，还向周围的朋友借了一圈钱。银行追债、法律诉讼，让他的整个生活变得苦不堪言。

这两年大学生的借贷现象也很常见。国人对于金钱的教育是缺失的，对于新踏入职场的人来说，"月光"、入不敷出是常见的现象。学习一些基本的理财知识，比如量入为出、资产与负债等等，是很有必要的。并不是教你如何更快获得更多的收入，而是让自己更好地理解赚钱和消费的规律，更好地看待金钱。

网上的很多理财课程有明显的"割韭菜"的成分，建议职场新人可以从阅读一些经典书籍，看一些免费的文章开始，有了辨别力之后再考虑深入学习。

身边的毕业生陆续开始了第一份工作，老松也将踏入第二个7年，职场的路也是我们不断进化的路。持续探索自己的潜力和可能性，这是一件很痛苦但是很值得的事情。工作，本身就是一种修行。

离职选择：这几个底层思维，决定你能走多远

朋友前两天跟老松聊天，说起另一个朋友：去年毕业时，去了一个互联网大厂的重点部门，拿到了 15k 的月薪；后来因为项目失败离职，换了家企业做老板助理，工资升到了 25k，算是同龄人里面很不错的；结果没过几个月，又计划离职，原因是每天做的工作太琐碎了，价值感很低，想去做更有挑战的工作。

老松这个朋友毕业刚满一年，说现在身边有不少同学处于换工作的阶段。这些人的薪资都还不错，换工作也并非因为薪资问题。入职没多久就想离职，到底出了什么问题？

一份好的工作，要有自我实现的价值感

记得刚毕业的时候，因为信息的闭塞性让老松对职场的认识极为片面，也经常因为一句话而焦虑：别看你们现在那么多棱角，迟早会被职场这个社会磨平。

刚毕业的人，都有着雄心壮志，恨不得才情能捅破天。但人是社会型生物，要遵循"社会森林法则"，如愣头青年一般有勇无谋，

会很快消耗掉自己对未来的期望和动力。职场人那么频繁地更换工作，一部分原因是，对企业、权威的依赖和经验的价值，越来越小，对个人在工作中体现的和创造的价值，要求越来越高。

1. 权威和资历的影响力越来越小

在日本和韩国，职场中论资排辈极为普遍。很多企业是年功序列制，意思就是需要靠熬年头升职、涨工资。跳槽的不易，企业对契约精神的看重，让很多职场新人只选择在一家企业工作，直到退休。因此不论升职加薪，还是工作安排，上级以及资深的同事，对新人掌握着极大的控制权。

但现在国内尤其是一、二线城市的情况有很大不同，因组织结构的扁平化和职场岗位的细分化，职场新人有更多的就业机会可选择，甚至很多时候跳槽变成了升职加薪的一个途径。所谓工作的资历、长者的权威，对于职场新人的影响越来越小。

2. 工作经验的价值逐渐变低

有一次老松和行业的前辈聊天，正好讲到B2B[1]的数字营销趋势，想向他请教一下有关全生命周期的内容，结果他摆摆手，说现在行业变化太快，不同业务的要求相差很大，他现在主要将精力投入在传统销售上，对数字营销的很多认识已经不适用了。

---

1. B2B：也有写成 BTB，是 Business-to-Business 的缩写，指企业与企业之间通过专用网络或 Internet，进行数据信息的交换、传递，开展交易活动的商业模式。

是啊，随着技术的快速迭代、营销渠道的变化以及岗位越来越细分，旧的经验已经很难跟上最新的市场需求了。

以前，每当在工作中遇到一些困惑，总希望能去更有经验的前辈那取取经，让自己避免栽到一些坑里。

但现在，尤其在新兴行业，我们每个人都是先行者，过往经验的价值在逐渐下降。而且随着自媒体和知识付费的兴起，每个细分领域，在互联网上都可以找到可以借鉴的方法论和案例。

以上两点并非说资历和经验不重要，很多经典的方法和经验以及基础的认知和信念，依旧会给我们带来很多帮助。只不过职场新人对企业的依赖少了，在工作中的自主性越来越高了。

3. 对工作价值感的要求越来越高

除了前面两点，另外一个很重要的原因是想要获得更多的工作价值感。现在职场新人的薪资能比较容易地让他们摆脱基本生存需求的问题，他们更希望在工作中获得快乐以及价值感。

美国畅销书作家丹尼尔·平克在《驱动力》中说："我们在工作中无法获得快乐的最核心原因之一，就在于我们被剥夺了独立自主的权利。"在"自我决定理论"的认同者看来，"人类有独立自主、寻找价值感的动机"。这些"独立自主"以及"获得价值感"的动机，会影响到我们对工作的投入、对工作的选择等多个方面。

在工作之外，我们有很多渠道来获得成就感，创造价值，比如拍一个短视频、写一篇文章、分享一本书。对于现在的职场新人来说，也同样希望在工作中，可以有更多的成长空间，获得更多价值感,以追求内外的平衡。不过工作的实际情况是,公司的组织结构、工作安排与个人需求,很容易造成冲突。

综合以上3点,也就不难理解,为什么有人"一不开心就离职""我不缺钱,就是想做点有价值的事"的情况频繁发生了。

不要抱怨环境,加强底层思维和对方法的认识,认清差距小步快跑

老松的朋友说:"大部分人一心想'干一票大的',然后证明自己很厉害,但事实上,真的,你没那么厉害。直接让你干一票大的,你真做不到,于是就会陷入焦虑。比如我现在刚过了打杂的阶段,也陷入了瓶颈期的焦虑,这不是环境的问题,是我自己能力的问题,只能继续努力呗。"

不论是职场新人还是老人,都需要正确面对随着商业环境变化的职场趋势。在职场要遵循"社会森林法则",有更多选择和发展可能性的优势,也要接受优胜劣汰的现实。如果不能跟上商业环境对不同年龄阶段、不同背景下进行"筛选"和"挑剔"的脚步,可能会逐渐丧失竞争力。

加强对底层思维和方法的关注。太阳下无新鲜事,虽然职场环境发展很快,但有很多长期有效且极为重要的真理可以不断地去实践。其实职场新人陷入焦虑主要有3个原因是:认不清自己、找不到方向、执行不落地。掌握了底层的思维和技巧,才不至于习惯性陷入迷茫和焦虑的状态中。

1. 学会认清自己，掌握内在驱动力

我们做一件事的驱动力，一般来自完成这件事所能产生的价值。一件事越符合自己的期望，能带来的价值越大，内在的驱动力会越充足。

但驱动力有两种来源：一种是来自内在价值观驱动，比如你对自己的思考有一种强烈的倾诉欲望，那就可以坚持写文章；另一种来自外在的评价驱动，比如大众价值观觉得身材应该瘦一些，你就想减肥。

同时，驱动力也分两种，一种是短期驱动力，另一种是长期驱动力。短期驱动力会帮助我们对目标迅速发起冲击：比如打卡早起读书、每天控制饮食，但短期驱动力容易因为没有达到预期效果而逐渐衰减。长期驱动力，是我们可以长期坚持做一件事的保证，源自我们对这件事的价值认知。

不要陷入外在评价驱动和短期驱动力的陷阱中，要不断地思考和探索内在价值观驱动和长期驱动力，只有这样，我们才能更顺利地实现预期目标。

2. 学会制定符合 SMART 原则的目标

在制定目标时，最容易犯的错误是不符合 SMART 原则（SMART 的含义如图 9 所示），比如"假大空"的目标：我要一个月减肥 20 斤，我今年要读 100 本书，我要完成一个千万元预算的项目。

经过 SMART 原则制定的目标，就算是经过长期训练的人，仍需付出大量的时间和心力才有可能完成。对于新人，容易被对结果

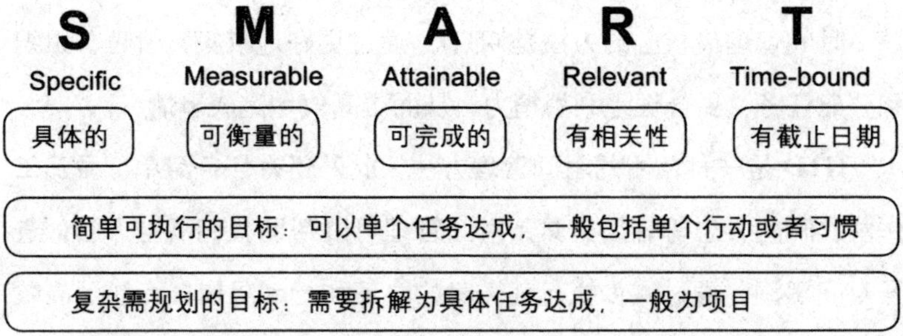

```
   S            M             A           R          T
Specific    Measurable    Attainable   Relevant   Time-bound
 具体的       可衡量的      可完成的    有相关性    有截止日期
```

简单可执行的目标：可以单个任务达成，一般包括单个行动或者习惯

复杂需规划的目标：需要拆解为具体任务达成，一般为项目

图 9　目标制定 SMART 原则

的兴奋掩盖了真实的情况，也就是说，容易被短期驱动力推动。比如要晨起读书，马上发朋友圈开始早起打卡，结果坚持了一周就因为完成过程太艰难，就放弃了。

制定每一个既符合自己价值观又有内在驱动力的目标时，都需要先让自己冷静下来，并问自己：目标够不够具体？是不是可衡量可完成的？有哪些相关因素会影响最终结果？何时完成这个目标？只有当目标经过了几轮的审视，才算是一个合理的、可继续推动执行的目标。

3. 磨炼做事的方法和技巧

人不是足够理性的生物，不论是心理的阻碍还是行动的阻碍，很多生物基因中存在的原始行为习惯和准则会干扰整个执行的过程。

在执行任务的过程中，我们需要掌握一些有效的方法，来辅助我们更好、更高效地按计划完成目标，帮助自己成长。

(1) 时间管理

时间管理最核心的方法是 GTD：通过更好地收集、管理、组织和分配任务、更合理地利用精力，从而更高效地完成事情。

GTD 是一种常用的时间管理方法，此外还有任务清单、番茄工作法、时间日志等辅助工具。时间管理可以帮助我们清空大脑，避开时间黑洞。通过减少执行任务时的心理和行动阻碍，专注于高效完成任务，最终实现个人成长。

(2) 正确理解自律

大部分人有一个误区：认为自律是通过压制自己的欲望来完成某件事情，长期的自律就是长期的压制。

实际上并不是，自律≠自虐，自律由 4 个主要元素组成：主动要求、积极的态度、承受痛苦、解决问题。自律起源于内在的驱动力，是通过积极的信念，需要阶段性承受一定的痛苦，来解决问题的过程。这 4 个元素，每一个都是自律的必要条件。对于我们想通过自律解决的问题，都可以从这 4 个角度来审视（见前文 82~84 页内容）。

(3) 快速学习和思考

快速学习和思考，是职场必备的一个基础能力。我们在完成目标的过程中，现有的经验和知识往往解决不了问题，需要针对不同的知识类型，来安排碎片化或集中时段进行学习，不断完善知识体系。主要有以下 4 个方面：

- 快速学习行业知识，搭建基础框架。
- 主题式学习打造个人知识体系。

- 从失败中学习，积累经验。
- 成长型思维，保持批判性思考的习惯。

(4) 坚持回顾

回顾是达成目标过程中，面临困难、问题、失败时，一个很好的校准器。通过不断地反思在执行任务的过程中遇到的问题和挑战，并审视当前过程与目标的差距，不断调整后续计划，修正前进的方向，我们才能更好地完成任务、达成目标。

职场认知：别让职场"伪焦虑"害了你

老松和几个老同事聚餐，话题自然地转到前公司的状况上：融资不利，股票下跌严重，部门已经裁了一批老员工，剩下的员工都在观望或等着被裁，或者"骑驴看马"开始找工作。聊到一两年前主动离职的那批能力和资历都很优秀的人，大家意外地发现，无论是发展前景还是薪水，他们比留下的大部分人，都要好太多，而且两者的差距越来越明显。不免感叹：公司的环境变化"逼"走了最优秀的员工，留下了满是"伪焦虑"的沉稳职场老人。

走和留，真的能带来这么大的差距吗

之前部门有位功勋老员工离职的时候，大家都很诧异和感叹：为公司付出了这么多，带了一批又一批新人，承担了最重要的项目，为什么在公司发展到顶峰的时候走了？事后了解到，老员工这两年为公司付出很多，但干得并不开心，工作上已经没有晋升空间了，恰好在北京买了个小房子，可以放心地去别的城市看看了，目前在深圳顶尖的 4A 公司[1]也混得风生水起。留下的员工，因为一些老同事离职后的职位空缺，通过努力升职加薪，之后也慢慢稳定了下来。有些员工虽然有时候会对公司的环境和待遇不太满意，但因为待的时间足够久了，也一直没离开。

大家做了不同的选择，有的人主动在瓶颈期寻求更好的发展，有的人希望能在原岗位更好地提升自己。走了或者留下，要么去面临更激烈的竞争和变化，要么坚持一段时间后面临内部职场瓶颈期的焦虑。

职场中，随着投入的积累，在不断成长之后会进入职场瓶颈期，在瓶颈期对于投入方向的选择和努力程度，会决定我们之后的发展道路。如图 10 所示：选择 A，通过在工作中不断学习和成长提升自己，可以突破瓶颈进入新的职场阶段；未选择，继续过往的工作方式和内容，会让我们一段时间停滞不前，且因为目标和现状的差异，逐渐陷入持续焦虑的状态。

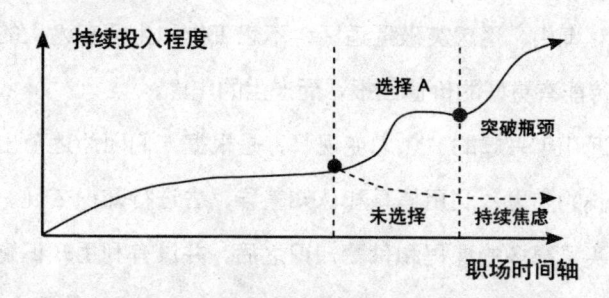

图 10 面临职场瓶颈期的选择

---

1. 4A 公司：美国广告代理商协会，英文全称为：American Association of Advertising Agencies，通常简称为 4A。

201

离开的人，在人生的关键节点做出了不同的选择，如果能利用自己的资源和优势，撬动更高的杠杆，可以得到快速地提升。留下的人，如果没有持续的专注和投入，升值的杠杆会越来越低，与离开的人之间的价值差距自然也会越来越大。混得好或不好，选择是起点，但持续的专注和不断突破自己，才是撬动更高价值的那条杠杆。

拥抱真相，保持专注，才能告别"伪焦虑"的人生

老松喜欢埃默里大学教授马可·鲍尔莱恩的一句话："一个人成熟的标志之一，就是明白每天发生在自己身上的 99% 的事情，对于任何人而言，都是毫无意义的。"

在职场上经常听到有人抱怨自己公司的制度、奇葩的领导，觉得自己空有一身本领却无处发挥，却没意识到他们已经陷入了职场"伪焦虑"的状态中。"伪焦虑"不是真的焦虑，只是因为自己不想去面对真相，不想突破舒适区，不想工作和生活有太大的改变，但又期待能有更好的价值回报，而产生的焦虑。

最近几年兴起的"焦虑变现"，是根据人们因为迷茫出现的发展和成长的焦虑，利用信息和认知差异，去进行知识变现。只是大部分人买了很多的课程和付费知识之后，并没有利用知识解决自己的问题。与"伪焦虑"相对应的，就是投入持续专注的匠人精神。

马未都老师在节目《圆桌派》上讲了一个关于匠人的故事：因为要修一个老物件，老师傅在一堆材料里找一块梨花木，翻来覆去找了 3 天，才找到纹理和质感都匹配的梨花木，而且并没有因为多

付出 3 天时间而多收费，这一看肯定不符合现在人的商业精神，因为这是一种专注的匠人精神。

匠人精神并不意味着没有焦虑，美国心理学家耶基斯和多德森通过实验研究，发现了耶基斯－多德森定律。定律指出，动机强度和工作效率之间并不是线性关系，而是呈倒 U 形的曲线关系。如图 11 所示：在不同难度的事情上，动机强度处于中等时，也就是当我们保持在中等水平的焦虑状态时，工作和学习的效率最高。有几个方法可以帮助我们利用并保持适度的焦虑，更高效地工作和学习。

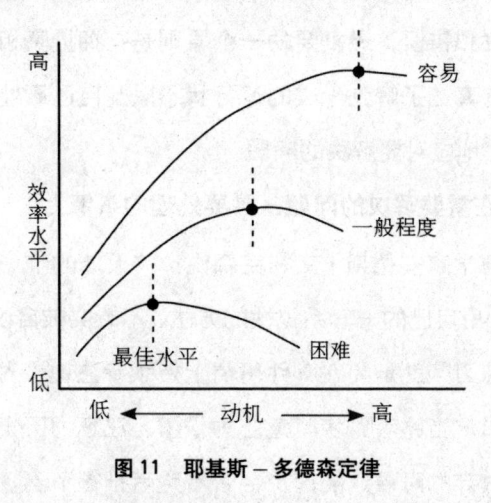

图 11　耶基斯－多德森定律

1. 拥抱真相，与焦虑相处

解决焦虑的方法不是让自己变得更厉害，厉害到足以抗衡焦虑，也不是盲目投入更多精力在焦虑的事情上。因为工作中的问题是永远解决不完的，我们需要从人的角度出发，先去解决人的问题，也就是人们怎么觉察和释放焦虑。

- 觉知这种情绪的存在，去感受它，进一步去想想自己为什么会产生这种情绪。为什么会感到焦虑、感到生气、感到难过呢？把原因写下来，等到你写的足够多足够具体的时候，焦虑就会突然缓解了。

- 降低自己的期许，不要拿自己对擅长的事情的期望来要求不擅长的事情。

- 打破不擅长领域带来的焦虑，直面不擅长的事情，去找到问题的痛点在哪里。

面对失败和错误，最重要的一个原则是：拥抱真相，接受真实的自己。只有真正了解到现实的运行状态以及自己所处的环境和位置，才能更好地应对要解决的问题。

2. 专注在需要解决的问题、需要处理的事情上

著名心理学家安德斯·艾利克森说："天才的唯一秘密，就在于刻意练习，用自己的一套系统性的方法，不断突破自己的边界。"

"刻意练习"就是要在一件事情上持续专注地投入。就像马拉松时的配速员，当跑者跑步时意志力松懈、注意力不集中、不相信自己，想要放弃的时候，配速员会带着跑者把握节奏，帮助跑者把注意力转移到跑步上来，让他们进入正确的状态和节奏。

现在的社会，我们的专注力时时刻刻都会受到挑战，有太多在碎片化和即时快感方面的隐忧。在工作时，时不时地刷刷手机，被邮件和短信打扰，一边看书、一边吃零食，还要一边听音乐。对抗挑战的办法就是在一整块的时间内全身心投入，每天尝试分

出几块半小时的时间区域，避免任何打扰，踏踏实实做最重要的事情。

3．从错误中学习，让错误帮助自己更快成长

心理学中的"逃避心理"，解释了每个人在面对问题时的第一反应。但像小孩子一样第一时间否认、一味地假装看不到问题、把脑袋塞到沙子里，只会让问题变得越来越糟，也是一个错误的职场原则。

在职场追求良性的发展，对能力和智力并非顶尖的人来说，最好的途径是从错误中学习。被称之为投资界乔布斯的瑞·达利欧在《原则》一书中说："我认为成功的关键在于，既知道如何努力追求很多东西，也知道如何正确地失败。"

"正确地失败"是指能够在经历痛苦的失败的过程中吸取重要的教训，从而避免"错误地失败"（即因为失败被踢出局）。

老松作为一个非名校毕业的人，在刚进入职场时，面对了很多的质疑和挫折，现在身边的同事也都是名牌学校、双商皆高的优秀者，老松从中得到的最大的一个经验就是：不断从问题中学习。

就像达利欧说过的："我一生中学到的最重要的东西，是一种以原则为基础的生活方式。在自己的和他人的错误以及教训中，不断提炼适合自己的工作和生活的原则，这是不断实现目标，获得成功的保证。"

正确面对职场"伪焦虑"

这个世界上根本没有正确的选择，我们只不过是要努力奋斗，使当初的选择变得正确。

——村上春树

所有的蜕变和新生，都有一段这样的日子：走出舒适区，闷不作声地努力，拼命去突破边界。只有让自己有更强的专注力，才能战胜职场的拖延和"伪焦虑"，活出心中真正渴望的人生。

1. 处理好自己的焦虑情绪

临下班客户给你发了一个紧急需求；一个方案改了十几遍还没通过；这次的升职加薪又被驳回……职场人经常会面对各种让人焦虑的事情。学会与焦虑相处，而不是陷入不断的焦虑和自我怀疑中，是职场人必须要掌握而且要不断更新的一个技能。

自我怀疑和焦虑的背后，其实是现状和目标状态的冲突。不想承认自己在某方面能力的不足、不想接受糟糕的现状、对自己的不接纳、不想走出舒适区去进行改变等等，都是焦虑和不自信情绪的来源。像鸵鸟一样把头埋在沙里不能解决任何问题，只会让事态变得越来越糟。

当遇到焦虑和不自信的时候，可以通过两个方法来与自己的情绪相处：

（1）降低预期，接受真实的自己

提升自己的能力或者降低预期。因为能力方面在短期比较难以获得提升，可以通过接受自己的真实情况，降低预期来减少焦虑，让自己能够把心力投入到能力提升上。

（2）保持谦虚的心态和平常心

接受自己的不足，保持谦逊的态度去学习。平常心也就是你做一件事的初心，比如希望通过工作带来更好的收入，或者实现自己的价值。跟着初心走，可以让你更好地专注于要做的事。

2．尝试用新的方法解决焦虑

职场上不同级别的员工，考虑和处理问题的角度有很大的差别。一般管理层都会从团体的角度出发，围绕业务的增长，去思考和看待问题。基层员工会从个人能力的角度，去考虑解决方案。有几个可以帮助我们突破职场瓶颈的方法：

- 不要追求一次性解决问题的捷径，瓶颈是要一段时间的努力才能突破的。先分解问题，然后利用时间管理高效解决问题。

- 学会请教牛人，利用自己的人脉资源，针对具体问题向最专业的人请教，利用杠杆的力量解决问题。

- 不要单打独斗，学会从利他的角度出发，借助团体及组织的力量，集合大家一起去做一件有挑战的事，这样也可以在内部产生最大的影响力。（参考图12）

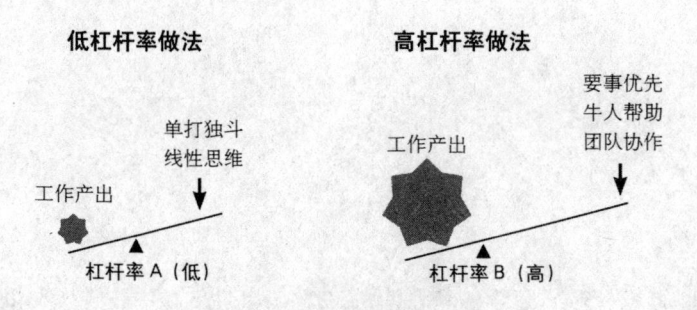

图12 解决焦虑的两种做法

走出瓶颈期最难的是不断挑战自己的局限和未知领域，我们需要与自己的情绪相处，走出舒适区，用新的眼光和处理问题的方式来观察和解决问题。除了吹响前进的号角，也要不断积累更多的见识和人生经验，不断地前行，迎接下一次挑战和新生。

做正确的事：刚入职就离职，未必是坏事

杨振宁年轻时，梦想成为实验物理学家，但在实验室工作了近两年，进展很不顺利。最后他接受了自己动手能力弱的劣势，转向了理论物理研究，自此如获新生，在多个研究方向获得了巨大的成功。

我们作为普通人，无法获得比肩杨振宁的成就。但在尝试的过程中不断认清自己，及时果断地调整赛道，可以让自己在更合适的位置获得更快的成长。

入职几个月就离职，未必是件坏事

朋友前几个月刚换的工作，月薪两三万，平时基本不加班。工作稳定钱又多，是多少人求而不得的机会。结果刚入职没多久，他又离职了，原因让老松很吃惊。

朋友说："每天的工作小半天就能干完，时薪很高。但是待了几个月感觉整个人都废了，无论是对行业的敏锐度，还是对专业的深挖程度，都下降了很多。虽然有点矫情，但过两年就30岁了，确实有点恐慌，想趁年轻多去提升一下自己。"

他也承认，这是一个很艰难的决定。身边的朋友都在劝："先稳定一两年，等环境变好一点再说。现在那么多失业找不到工作的人，你现在贸然离职，后面承担的风险是极大的。"

朋友做决定很决绝，但之后找工作的过程却异常艰辛。虽然做了很不好的预期，但找到满意的工作到办理离职仍然花了3个月的时间。他在聊天时娓娓道来所面对的压力和煎熬，但老松看到，他眼中有光。朋友最后讲道："我也不知道未来会怎样，但我觉得自己是对的，值得去拼一把，结果是好是坏，我都接受。"

说得真好。很多情况下，我们之所以无比努力，就是为了输得起。这类拥有成长型思维的人，往往可以建立更强的职场竞争力。

成长型职业发展思维，成就全面竞争力

1. 拥有成长型思维，不与迷茫妥协

职场中的大多数人随着年龄增加，精力和体力开始下降，最初的斗志和激情不可避免地有所衰退，加上要承担家庭的责任和压力，肩上的担子越来越重；但这并不是可以接受平庸的理由。我们要避免陷入僵固型思维的误区，要向成长型思维转变。

僵固型思维和成长型思维，是心理学中应对未来的两种不同成长思维模式。在陷入僵固型思维误区的人看来，每个人的天赋和能力是受到先天限制的，习惯性去证明自己而非发展自己来获得自信，这类人容易在经过一些尝试之后就做出了"我这辈子也就差不多这样了"的结论。而具有成长型思维的人会认为，每个人虽然先天确

实有很多不同,但我们所拥有的能力是动态变化的,是可以在学习中不断成长的。每次的输赢不重要,重要的是通过正确的努力,每个人都可以不断地超越自己。

老松的这位朋友最后说:"在这3个月找工作期间,有时间来转换一下节奏,从不同的视角来看待工作和生活,做一些以前想做却没做过的事情。读了很多书,对心理学和生物学产生了浓厚的兴趣。同时趁这个机会,把之前几年工作和生活的经验沉淀下来,每天写1000字,3个月写了十几万字,给自己打开了一扇新的看世界和认识自己的窗户。"

2. 扩展知识体系,追求更全面的发展

这几年随着知识付费的兴起,以及社会的分工越来越细,我们有大量的付费及免费渠道来学习感兴趣的内容。比较前几年,基础经验的价值越来越低,过去的一些"传帮带"[1]的效率也变低了。现在来看,对于一个陌生的领域,新人只需要一周就可以对基础的概念和理论有详细的了解,也可以越来越快地上手某一个细分工作。但这并非知识的价值变低,相反是对知识的系统性要求越来越高。

如果要在某个岗位做到有足够竞争力,需要了解大量岗位相关领域的内容,要有自己的知识体系,并能产出独到的理解。比如对于一个营销人员来说,不只要了解市场环境、行业竞争等,对群众心理学、管理学,甚至历史学、生物学都需要建立完整的知识框架。

---

1. 传帮带:指前辈对晚辈或老手对新手等在工作或学习中亲自传授经验、知识、技能的通俗说法。

唯有如此，才能适应变化越来越快、对决策要求越来越高的商业环境，才不至于沦落到拼不过体力，就连经验也无用武之地的窘境。老松这次和朋友的交流，对现在不断变化的环境有了更加深入的理解和思考。海水退潮了，才能看到沙滩上谁在裸泳。

3. 坚持自我管理和个人成长

职场人要有这样一个认知：从琐事中解放大脑，做事靠系统，保持持续成长的动力和习惯。老松把人生分为了8个领域（见前文132页内容），每天都会把时间和精力投入到不同的领域里面。每个领域投入的时间，以及我们所产生的效率，是决定我们成长和幸福的关键。

很多时候，我们所取得的让自己惊喜的成绩，往往在意外之外。我们需要按照计划做事，但不要拘泥于计划的框架。对于认可的事情就努力做、坚持做，不计较回报地投入足够多的时间，惊喜可能就会很快到来。

想拥有更健康、更年轻的身体状态，那就站起身，穿上鞋去运动一下，跑步、做瑜伽、游泳、健身，重要的不是制订多少个30天计划，而是先迈开脚，动起来。老松在2013年的时候，因为长时间加班和作息不规律，身体状态很差。于是他坚持晚上跑步，从一开始跑3公里都要走走停停，感觉胸腔要炸掉，到后来可以轻松跑下10公里，还参加了几次半马。作为一个跑步爱好者，也不知不觉积累了3000多公里的跑量。

很多情况下，我们都错误理解了专家路线和管理路线

老松以前就职过一家提供企业服务的公司，领导对团队提要求的时候，经常说："专业知识才是我们的立足根本，我们要成为这个领域、这个技能的专家，才能在竞争中取得先机。"

大前研一在著作《专业主义》中提到："我们不能把专业技术人员错当成专家。同样的，也不能把一个管理职位简单划分为非专业岗位。"实际上，大前研一纠正了我们很长时间以来的关于专家和管理者的片面认识。

专家要控制自己的情感，并靠理性行动。他们不仅具备较强的专业知识、技能和理念，而且无一例外以顾客为第一位，具有无穷的好奇心和永无止境的进取心，且能严格遵守纪律。

在《专业主义》一书中，要成为对企业最有帮助的真正的专家，需要具备以下4个能力：

1. 先见能力

先见能力指的是能够看清并且能超脱于眼前事物的能力。

现在竞争越来越激烈，变化也越来越快。如果按照往常旧的经验和技能，我们很多时候并非做了什么错事，只是突然发现已经跟不上发展的趋势了。故步自封、循规蹈矩只会让自己很快被淘汰。

比如曾经辉煌的诺基亚、柯达，并非企业犯了大错，只是未能及时预见趋势，以快速地做出应对，所以被时代和趋势抛弃了。

要有怀疑一切、怀疑常识的意识和能力，从不断的变化中思考未来的趋势和方向，并持续进行试验和探索，更新自己的能力和策略。

2. 构思能力

具备了先见能力，也要能冷静地思考自己要如何走向成功，以最优的速度和方法让机会变成现实。也就是在所预见的蓝图上，构思新的事业和能力，并付诸行动。

对职场人而言，当预见了企业发展的方向，就需要快速改变自己，通过学习、思考和实践，尽快提升相匹配的能力，积累相关的经验。只有这样，才能先人一步，把优势进一步扩大。

当年滴滴和快滴的竞争中，除了吸引人眼球的补贴大战，最决定胜负的转折点，就在竞争最激烈的那几天时间。滴滴和腾讯配合，所爆发的应变能力和即时战斗力，以及背后所有人夜以继日的付出，是最终取得阶段胜利的保障。

3. 讨论能力

经历过的最有价值的讨论，现场往往是双方或多方争论得面红耳赤，当然是非利益纠纷的吵闹。大家都从各自的角度和思维逻辑出发，表达自己的观点，指出对方的问题，所有人都参与到其中，就观点进行彻底而充分的沟通。

日本麦当劳首任领导人藤田先生曾说："讨论是通向最佳道路的途径之一。"

职场中，习惯以会议的形式进行讨论。不过很多时候，只是做了一些基础的沟通和反馈，并没有就一些问题进行深入的探讨，也没有就目前的问题输出最佳的解决方案。从理论上展开充分的讨论至关重要，而且讨论的目的不是为了和谐、利益分配，而是为了寻求最佳解决方案。

4. 适应矛盾的能力

当今的世界中，可能以前带来成功的模式已不再通用。现在需要的不是把问题进行分解并还原成诸多因素，而是俯瞰全局思考问题的能力。

工作中所遇到的问题，通常并非只有一个解决方案，我们需要在不同方案中，从全局角度出发，选出最正确的那一个。而且有时候，两个答案是非此即彼的关系，如果要关注广度，势必会牺牲一部分深度，如此带来的矛盾必然存在，这也是需要我们去适应的。

把事做正确：成人的世界里，没有"容易"二字

之前有一个新闻报道：在石家庄，"蜘蛛人"在高空擦玻璃的时候，一个暖心的姑娘隔着窗户，给工人师傅递了一杯水。

每一个善意的举动，都可以给别人的心底带来一束光，带来从无到有那一瞬间的尊重与感动。

一个可爱的交警，用他有趣的肢体语言，一边倒计时一边指挥交通，给路过的车主带来一丝疲惫后的放松。一位敬业的保安大哥，向每一辆进出小区的车，认真地敬一连串的礼，他说："这是我的工作，只要认真对待生活，终有一天，每一分努力，都将绚烂成花。"

我们不能决定我们的出身，很多时候甚至不能选择我们的工作，但我们可以用最认真的态度，对待自己的生活。倪萍的《姥姥语录》中有一句话："认命不是撂下，是咬着牙挺着，挺到天亮。"

现在的世界上，有人锦衣玉食，有人温饱困难；有人光鲜亮丽，有人朴素清贫；……同样一条街道，有可能一端繁花似锦，一端黯淡无光。你看到别人拥有令人羡慕的生活，其实那背后也有他们需要面对的苦恼和焦虑。生活对所有人都一视同仁，没有谁比谁更轻松。

作为一直在奔波的成年人，我们都是一边崩溃到想要放弃，一边咬紧牙关用力奔跑。我们都是一个个值得尊重与肯定的劳动者，学会负重前行，才会有后来的一切。

　　物质的世界能给予的事物，会很快地更新换代。我们今天追捧的手机、电脑、存款、豪宅、锦衣玉食，很快就会被新的东西所取代；而不能被取代的，是生活给予我们的尊重和付出后的收获。我们在磨砺中修行，心存善念、传递爱意。在真正的爱面前，所谓的未经思考的标配人生，实际上都不堪一击。

　　窦文涛也说："我们需要去关注心理学和哲学，不审视、不研究自己的生活，实际上就是一个可怜的被骗者，被商家、被某些风气、某些价值观，欺骗、操纵、忽悠，我们要有更加强大的自我认知和自我审视。因为未经审视的人生，不值得过。"

　　在生活中，在职场里，无论你的角色是什么，父亲、孩子、教师、工人、白领、企业家等等，不要怕负重前行。因为在自己世界里的很多时候，坚持住，撑下去，是唯一的解决方法。充满爱与坚强地活着，负重前行，终会迎来卓越的自己。

越努力，差距越大，是一种错觉

　　大学时有个很努力的同学，不太注重仪表，讲话的样子也很认真、严肃。上课时，她在第一排积极地与老师互动，平时泡在图书馆。我们有很多关于平面、影视后期以及编程的专业课，需要大家钻研电脑、琢磨技能，这位同学虽然每个学期都很努力，成绩却一直只在中游，引来其他同学的感叹：资质不好，再努力也不会有什么出路的。

包括最近和朋友聊天的时候，他们也会焦虑：努力了好久，但付出就像被黑洞吞噬了一样，没看到任何波澜，反而感觉和别人的差距越来越大。之前被刷屏的文章《寒门再难出贵子》，是不是也代表了一些人相信起点低的人无法站在山顶上看风景？

其实这么想的人，一直以来都选错了比较对象。因为人性使然，我们都会选择与更加优秀的人做比较，当你月薪3千元时，就和月薪8千元的人比较，等你月薪1万元了，又去找2万元的人进行比较，于是自己会陷入不断的自我质疑和困惑之中。

优秀的人是我们学习的榜样，但我们应该进行持续比较的人，是自己。我们有没有比昨天的自己进步一点，更优秀一点？当我们把注意力放到自己身上，其实可以看到自己一直努力的轨迹。

直到去年，后知后觉的老松才理解到这一点，从量变到质变是有一个加速度曲线的，起点可能很低，从0.1的基数起步，但随着努力，基数会慢慢越来越大，等积累到足以产生质变的时候，回过头，你会惊讶自己的变化。

就像老松大学的那个同学，在同学们的不解中努力了4年，毕业的时候选择做了动画培训，带了一个班的学生，认认真真备课教学，每天记录自己的状态，因为处于行业红利期，自己也足够诚恳和努力，很快得到了学生的认可，从此事业进入了快速发展期。再次见面时，她整个人的状态都不一样了，充满了自信和光彩。

当我们一直和自己接触不到的人比较的时候，会有一种越努力差距越大的错觉。一味地和他人比较，我们无法获得满足和幸福感，我们需要和昨天的自己比较，保持持续的努力和精进。终有一天，我们会从山脚爬到山顶，看到不一样的风景和自己，然后继续出发，攀登更高的顶峰。

努力并非没有意义，或许终其一生我们也不会成长为顶尖的那一批人，但这并不妨碍我们不断挑战过去的不足，每天比昨天更进步一点，更幸福一点。我们要通过努力去看更美的风景，去遇见更加出色的自己。

拥有高效学习法，告别职场危机

老松最近看了一个话题觉得挺有意思：成年人的体质是天天觉得很累，但好像什么也没干。这让老松想起很多人在年初的调侃：今年的年度学习计划是完成去年制订的前年打算完成的计划。好像工作之后，大家完成学习计划的动力和执行力都低了很多。

进入职场之后，迎来了社会职场这位严厉的老师。考前突击在职场上往往是行不通的，你的能力和水平会每天暴露在各项硬性或软性的考核指标之下，相比学校的数字，职场上的数字更加复杂而且充满变化。尤其是当看到身边 35 岁以上的同事，每天还在补足某些能力，参加一些听都没听过的课程培训班时，就越发察觉优秀的人是有原因的，且要想在职场保持竞争力，就得重视学习能力和计划。

老松主业是数字营销,如果要做到行业顶尖水平,需要对行业及客户的动向和发展趋势有深刻的了解和洞察,要有如逻辑思维能力、沟通能力、汇报能力等优秀的职业素养,也要有对各行业客户落地实践的方法论和技能。同时,因为这个行业每年都在发生快速的变化,要有快速学习能力的支撑,还要保持敏锐的触觉和反应,才不至于落后。

学习某一项不熟悉的技能可以补齐自己的不足,在熟悉的技能上深挖可以打造自己的核心竞争力。作为职场人士的我们需要系统化的学习思维,了解行业和岗位所需要的技能,不断补充并夯实核心竞争力的护城河优势,同时减少短板带来的影响。

1. 从行业、职业和专业的角度思考

从行业、职业和专业3个维度来理解自己的技能,从当下的需要、下阶段发展以及长期的规划来安排学习计划。这样从多个相互独立的维度出发的思考方式,可以更加全面地掌控现状,安排学习的规划和目标。

(1) 行业能力

行业能力,是指对于行业的积累,以及不断深入理解和洞察的能力。如在行业中积累了哪些人脉?目前的岗位属于什么行业?从事的岗位在行业内的角色是什么?所在的公司在行业中的地位是怎样的,以及顶尖的公司有哪些?提升行业能力需要的资源有哪些?提升这一能力,学习的目标是什么?

(2) 职业能力

职业能力，是指职场人需要掌握的随时随地都能用得到的技能。如：演讲能力、写作能力、逻辑思维能力等。哪些能力能给自己工作带来最大的价值？提升职业能力需要的资源有哪些？提升这一能力，学习的目标是什么？

(3) 专业能力

专业能力，是指目前的岗位所需要的以及升职所需要的技能，包括软性技能和实操技能。比如对设计师来说，包括设计学科专业知识、艺术审美能力、从设计到印刷出厂的执行跟进能力、对专业软件的操作能力等等。提升专业能力需要的资源有哪些？提升这一能力，学习的目标是什么？

行业能力、职业能力和专业能力，是职场人士都需要关注的维度，在梳理的时候，需要穷尽思考，打造并不断完善自己的技能池。对于不同职业阶段，要怎么安排需要提升的能力，可以考虑从3个不同时间节点出发：

- 目前工作需要的能力：做好眼前的工作是最重要的，要首先去学习和补齐。

- 未来1~2年升职需要的能力：需要一段时间积累能力，这是下一步升职加薪的保障。可以观察公司和行业更高一级别的人有哪些重要的能力，参考进行提升。

- 长期3~5年发展需要的能力：作为长期发展的考虑，未雨

绸缪，提前规划和积累相关能力，并纳入学习清单中。可以提早做些准备，机会来了就可以很快抓住。（参考图13）

把握当下　　　　　谋划短期　　　　　着眼将来
追求卓越　　　　　走出舒适区　　　　未雨绸缪

目前工作需要的能力　→　未来1~2年升职需要的能力　→　长期3~5年发展需要的能力

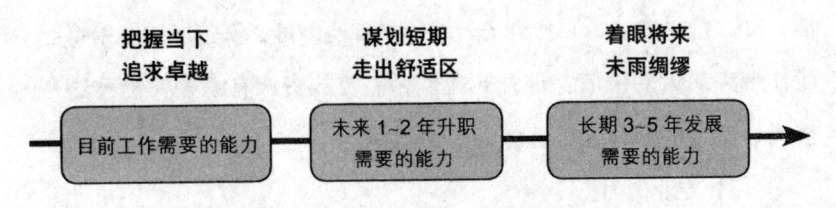

图13　不同职业阶段的能力提升要求

2. 能落地执行的学习计划

为了应对当下、短期和未来的需求，要学习提升能力，规划学习路径，制订属于自己的学习计划。

(1) 参加线上线下培训课，学习最新技能和方法

针对某个岗位，行业内或企业里会有很多的会议或者培训，可以定期去参加。这样可以提升某项技能，了解最新的知识/案例/技能，与最新讯息保持同步。培训的内容一般都偏实操性，可以立即复用到工作的思考或者实操中。

(2) 主题式阅读书籍，建立知识体系

阅读3~5本经典书籍建立体系化的认知。阅读是非常重要的一个习惯和能力，也是系统化学习绕不开的一个途径。老松一般会向行业内的大牛请教，并整理一个书单，然后每天用早晚大块的时间进行阅读学习，并做好读书笔记。经典的书会多读几遍，保证对内容的理解和吸收。系统性读完一些书之后，就有能力搭建自己的知

识体系了，知识体系成型并内化成自己的知识后，就可以进行更加深入的思考和实践。

(3) 碎片化学习和阅读，积累知识要点

在上下班通勤路上，是很好地进行碎片化学习、阅读的时间段。保存优质的内容，进行深度的学习和吸收。老松一般会用 Reeder 阅读行业新闻或者公众号文章，把经典的内容保存到印象笔记里，周末用思维导图进行拆解和二次学习。

(4) 与牛人沟通和交流，进行高效率学习

利用社交软件沟通或者通过线下约饭、社群活动等形式，与行业内的朋友进行交流沟通，虚心学习他们的经验和方法，在自己的工作中尝试，并输出自己的方法论。在沟通时提出问题和想法，进行深入的讨论，是快速学习的方式。

(5) 输出是最好的学习

通过一段时间的积累，有了初步的知识体系，也对行业、职业和专业有了更多的了解，那就试着把学习、思考所得的东西分享出来吧，比如写文章或者拍 Vlog 视频等。记着，输出和分享是最好的学习。

职场陷阱：会工作的聪明人，都不会用力过猛

工作用力过猛，往往弊大于利

《高效能人士的七个习惯》作者史蒂芬·柯维曾说："想要短时间内完成最多工作任务的偏执狂，很容易陷入与时间赛跑的恶性循环。如果把拥有的时间看成是一个罐子，最重要的事看成大石块，想要顺利填满整个罐子，应该先放大石块，然后再填入小石块，最后才是沙粒和水。"

C罗在年轻的时候踢球走技术流，脚下功夫娴熟，速度快、爆发力强，球风华丽。30岁之后随着身体机能下降，球风也逐渐发生变化，每一个动作的效率和实用性也越来越强，堪称"越老越妖"的典范。同样"越老越妖"的，还有NBA已经退役的马刺队球星吉诺比利，他在40岁的时候仍旧可以把每一秒的出场时间发挥到极致，在球场上帮助球队一锤定音。

"越老越妖"的背后，是对自己的认知和定位越来越清晰，对自己的要求越来越严格。将丰富的经验、大局观与当下的身体状态，进行更高效的结合，而不会像刚出场的新人一样，一门心思往前跑，

很容易就用力过猛。

人生是一场马拉松,如果你用短跑的速度起步,会很快领先,但同时也会很快消耗掉体力。避免用力过猛,更好地平衡工作和生活,有以下4个方法:

1. 结果导向:先做最重要的事情,低头拉车也要抬头看路

大家都有自己的目标和关键行动,就像先把大石块放入罐子,然后是小石块,最后是沙粒和水,如果时间和资源不能支持到放入沙粒和水的步骤,也能保证绝大部分结果可达成。这样可以更好地避免一些用力过猛的情况出现。

2. 学会复盘:经常看看走过的路,及时调整方向和发力点

复盘原是围棋中的一个术语,意思是"下完一盘棋之后,重新把对弈的过程摆一遍"。复盘主要有4个步骤:回顾目标—评估结果—分析原因—总结规律。

用力过猛让我们很难快速地应对各种变化。经常复盘,可以让我们在投入某一项工作的时候,不断地进行梳理和回顾。经常停下来看看走过的路,以避免陷入琐碎的工作中。

3. 保持平衡:平衡工作和生活,轻装简行

工作永远是生活的一部分,努力工作是必要条件,但不能过于努力而忽视了生活。工作和生活都是为了更幸福的人生。如果把某个领域看得过重,会让我们忽略其他角色的责任,从而不断地积累疲惫和焦虑。

学会在不同角色间切换,可以让我们更好地认清自己,看清想要的和需要的。卸掉过重的包袱，轻装简行才能走得更快更稳。

4. 在工作中修行：工作不是幸福本身，但是很重要的部分

日本的匠人精神和职人精神，是全身心投入工作的代表。稻盛和夫说："理解工作的意义，全身心投入工作，你就能拥有幸福的人生。"对大部分中国人来说，虽然不至于说从工作中获取幸福感，但工作也是所有人都无法避开的。

工作中的纠纷、功利、不公平现象有很多，就像我们的生活一样。困难也是工作和生活自然存在的一部分，躲不开也避不掉。学会在工作中修行，锻炼自己的心智，与生活相辅，成长为一个更加成熟的人。

避开职场装睡的人，他们正在消耗你

前段时间有个问答：为什么头条上的网友工资都是一个月七八千甚至上万元，而我从小到大身边的同事朋友只有 4000 元？有个回复的大概意思是：因为没有意识到所处的环境不同，我们把身边人的情况当成了世界应有的样子。

当我们上班"996"，却得知德国工人每天上班 6 小时的时候；当我们在为一门英语口语课缩衣紧食，却听说有同事直接报了哈佛 MBA 的时候；当我们觉得工作很辛苦越做越看不到成绩，却发现老同事已经华丽转身升职加薪的时候；……

有人说，现在最远的距离不是不同层级的差距，而是你觉得不可思议的事情，在有的人眼里就是唯一正确且逻辑自洽的结果。

试着走出现在的圈子，你会发现外面的世界和你想的完全不一样。一线城市有不少工资上万的人，报 MBA 的同事是积累了很多的经验和资金才敢迈出这一步的，华丽转身的老同事在升职加薪之前付出了难以想象的努力和坚持。

迈出去是第一步，但 80% 的人还没有抬起脚就在抱怨和迷茫。走出圈子，未必是立刻去做大的改变，先去改变自己的认知和思维，然后再考虑职业是否有更好的发展和选择。

叫不醒一个装睡的人，因为躺着的时候最舒服。叫不动一个不愿走出圈子的人，因为外面对他来说是悬崖峭壁、洪水猛兽，唯恐避之不及。

1. 不要跟消耗自己的人在一起

老松以前有一个关系不错的朋友，人很真实善良，但就是负面情绪比较多。以至于老松和他待在一起，也会变得负能量满满，需要消耗很大的精力来对抗。后来老松利用一段时间的周末去参加培训和业内交流，平时也多看书充实自己，接触了新的人脉圈，发现视野完全不一样了。不仅摆脱了负面的状态，整个人也充满了动力。

后来加入了头条的作者群，老松发现很多牛人都是早上 5 点多起来写文字，业余时间都坚持用来学习和写作，在工作之余开拓了有竞争力的副业。

减少别人对你的消耗，也不要成为消耗别人的人。不要单打独斗，去加入不同的圈子，会让你成为不同的人。

2. "不要脸"法则：打破脆弱的自尊心，勇敢迎接挑战

中国人是好面子的，很多时候出于别人的看法以及一些所谓的条条框框而被动地去做或不做一些事情。

职场中那些混得好的，很多是"不要脸"的人。这里的"不要脸"不是没有道德和价值底线，而是敢于并习惯性打破没必要的自尊和心里的那层芥蒂。能够消除一些顾虑去做事情，你就已经超越了大部分职场人。

3. 保持对新事物新趋势的好奇心，不固封在自己的世界，多出去交流

各行各业都在不断地变化当中，尤其以互联网行业为甚。每一天都在变化，一个季度或者半年以后，就有明显的区别。这就要求我们对新事物保持好奇心，对新趋势有了解，多走出知识和认知盲区，跟随趋势去更新自己的技能和经验。

4. 定期更新自己的简历，没有变化的时候尽快做出改变

很多人的成功是平台的成功，以为在大公司取得的成绩是自己的，不禁沾沾自喜，实际上是平台和团队的资源带来的结果。

老松有个习惯，每隔半年更新一次简历，有机会的话就出去面试几次。不是为了找工作，而是看看从公司之外，从整个行业的角度，自己是否还有竞争力。如果发现简历没有更新有价值的内容，说明自己不够努力，或者说明自己要换一份工作了。

职场上越好说话，越容易受欺负

职场新人因为刚入职，对工作不熟悉，加上每天的工作比较琐碎，经常忙着忙着就到晚上了。有时候帮公司老员工做一些杂事，导致很多工作只能下班之后再做，甚至平时忙不完需要周末来公司加班。

"为什么不拒绝给老同事帮忙？"

"这样不太好吧，毕竟刚来，希望老同事可以多指点一下自己，这个忙不帮的话怕得罪他们了。"

按照传统观念，作为职场新人，平时勤快点，帮职场前辈们处理一些琐事，无可厚非。但现在的职场经常看到一种现象：你越好说话，越容易被欺负。

如果陷入"勤快点""帮忙处理一些琐事""低姿态"的思维误区，希望靠这些站稳脚跟，反而会让新人的个人价值打折扣，难以得到同事的认可和尊重，甚至会影响到未来的工作安排和升职加薪。

如果以为职场新人就应该低姿态去做一些低价值的事情，反而是错误地理解了现在的职场规则。

喜欢 NBA 的人都知道，在 NBA "菜鸟季"有一种文化，新人都会被特殊"照顾"：帮老大哥洗衣服、清理衣柜、提包、买咖啡，被恶作剧、调侃，等等。强者如科比，也有在凌晨 2 点给大佬买咖啡和甜甜圈的经历。

但是 NBA 的新人文化，是球队老大哥帮助新人更快融入球队环境和比赛氛围的一种方法，并不会有太多恶意的人身攻击。队友不帮助你适应，也会有对手在球场更凶狠地羞辱你，让你明白成长的代价。

对于新人来说，需要能尽快适应工作的氛围，也要能够理解职场的规则：职场是一个充满竞争的商业环境，你的能力和价值，是赢得尊重的唯一保障。

可以在力所能及的范围内多付出一些，但永远不要试图通过"卑微""低声下气""无私的任劳任怨""不求回报的付出"来赢得别人的认可和在职场中可怜的尊严。

如果一开始就用委婉的理由拒绝，老员工可能会有点不开心，但不至于得罪他们。因为你只需要对应聘你的领导负责，而且你一开始把自己的原则和底线表现出来，反而更容易赢得别人的尊重。

对于一个尊重个人价值的公司，同事也是会尊重你对于自己时间的安排。对于职场新人来说，需要学会尊重自己的时间。

1. 学会尊重自己的时间

价值是可以按照单位时间的产出来衡量的，从职场新人到骨干再到高管，单位时间的价值呈指数型增长。你尊重自己的时间，尊重每个小时的付出和产出，才会要求自己更高效地工作，产出更有价值的内容。

你允许自己在工作时插科打诨、做一些琐事、浪费时间，也就要接受升职加薪离你越来越远，越接近被市场淘汰的现实。相反，如果你要求自己在每段时间都尽可能高效地沟通、汇报和产出，那么你就可以获得快速地成长，你的时间也才更值钱。换句话说，你尊重了时间，时间才会尊重你。

2．写给职场新人的几句话

•不要太计较暂时的得失，只要可以成长，多去学习、多去付出，总没有错。

•职场初期建立好的工作习惯和认知，会极大地影响整个职业生涯。

•降低欲望、延迟满足，每月拿出一部分收入来投资自己，是非常有必要的。

•工作之外，多认识一些朋友，学会积累自己的人脉，可以为以后提供更多选择性。

职场人设：学会避开玻璃心、演弱势、情绪失控

从"明星人设"到"职场人设"

《圆桌派》有一期节目请来了编剧汪海林，依旧是窦文涛、蒋方舟和马未都坐镇，他们聊到了一个很有意思的话题：人设。

汪海林说："娱乐圈相当一部分传闻是真实的，但真实的未必是真相。在资本的推动下，大家对明星越来越严苛，也就看到越来越多人设崩塌的案例。实际上很多明星的人设背后有着错综复杂的利益纠葛，形成了完整的产业链条，甚至连结婚和离婚都受到资本方的影响。"

明星人设的崩塌，有一部分原因是大家越来越熟悉一些套路，对明星的要求也越来越高。在人人皆媒体的时代，每一个细节都可能被挖掘、放大，导致人设崩塌。

学霸风波、抽烟事件、扎堆离婚，大部分明星的人设，尤其是苦心经营的人设崩塌，被消费完之后，会带来一连串的负面效应。

其实换个角度来说，明星是一个职业，具有一个职业所需要的

基本属性。相比来说，我们作为职场人，也都有自己的人设，或者可以理解为标签、定位、个人品牌等。

老松刚毕业的时候，有一些工作需要和外地同事协作。因为年纪小，为了让自己有成熟专业的形象，在沟通的时候，基本都尽可能地让每一段话、每个结论都逻辑清楚、专业可靠。

半年之后与外地同事第一次见面的时候，同事大吃一惊："平时跟你聊天的感觉很成熟靠谱，以为你都30多岁了，没想到这么年轻。"

这其实就是老松当时主动营造的"职场人设"。

职场人设，简单来说是一个人在职场中对他人眼中形象的设定。从"无意识"人设到"有意识"人设，是每个人在职场中需要经历的阶段。

同事从第一次见面、第一次交流就会对我们有一个初步印象："自信""靠谱""成熟""外形优势""专业能力强""不细心""情绪管理能力差""外向善沟通"等等，在不断的交流中，我们的某些特点会被不断地加强，逐渐形成一个丰满立体的人物形象，也就是我们的人设。

人设不是洪水猛兽，能够正确认识的话，正向的职场人设也可以给我们带来很大的帮助。

正确地理解职场人设：职场人设背后的动机

老松有一次和一个朋友见面时，发现他的穿衣风格和以前的"程序员风"大相径庭。衣着正式又得体，也都是轻奢的品牌。聊起来才知道，朋友公司里空降了一个领导，有多年的世界500强外企背景，为人严肃认真。朋友为了快速建立好印象，得到领导的信任，提前购置了几套衣服，也一改之前吊儿郎当的工作风格，还真的很快得到了领导的认可。

他说起来洋洋得意，直夸自己够机灵。实际上这也是一个转变职场人设的例子。除了基层员工，我们所熟知的大咖，都有自己的人设，一旦面临商业冲突，也都需要承担人设崩塌的风险。

京东负责人刘强东把员工当作兄弟，为基层谋了很多的福利。顺丰老板王卫在上市的时候，把被客户扇耳光的员工带到敲钟现场。曹德旺有一个员工家属生病，他花了200万元给员工看病。

最初人设的建立过程可能是无意识的，当我们意识到职场人设给我们带来了便利或者苦恼时，便可以主动利用或者改善，以便让我们在职场中更加有竞争力、话语权和高效率。

动机一：打造个人品牌，增加辨识度

杰克·特劳特在《定位》中提到："让品牌在消费者心智中占据最有利的位置，使品牌成为某个类别最具代表性的品牌。"

职场人设有很多情况，是为了自己的目的特意营造的。定位理论除了适用于商品、品牌、企业，也适用于在职场中的我们。

如果你的人设是PPT达人，那别人在PPT方面有问题，肯定来请教你。如果你是跑步达人，身边有朋友想跑步的时候，也都会来请教你。如果你精通某个理论或者在某个行业有专门的经验，那你在职场中优势会更加凸显。

如果你是在团队中第一个建立某种人设的人，就会更加容易让人印象深刻。

动机二：顺应生存法则，做个识时务者

职场中有一句话，话糙理不糙："对人说人话，对鬼说鬼话。"每个人脸上都有一个面具，不让人轻易看透，也不会只扮演单一的角色。当主管的时候，当经理的时候，当总监的时候，在团队中所要扮演的角色，在他人眼里要呈现的样子，都是截然不同的。

人设需要运作，职场不谈绝对公平，要善于调整自己的人设。这其实也是职场生存法则的一部分，在不同的阶段、不同的状态下，做出对自己有利的改变。

动机三：更高效的工作，用好杠杆率

我们的工作岗位职责，实际上也是一种人设。因为我们无法在短时间内了解一个人，有了人设，可以更加高效地进行协作。

滴滴有一个传统，喜欢创建 FT 小组（Feature Team，特性团队）。对于一个新成立的项目，与项目相关的人员会建立一个虚拟小组，每个人可能参加了 N 个小组，每个小组成员都有自己的人设，各司其职，高效协作。有点类似于稻盛和夫京瓷公司的阿米巴模式。

如果在职场上有几个突出的人设，可以更加快速地参与到其他重要项目中，让自己快速升值。

身经百战的职场人,都有一套自己的职场秘籍

瑞·达利欧在《原则》中说:"假如没有原则,我们将被迫针对生活中遇到的各种难以预料之事,孤立地做出反应,就好像我们头一次碰到这些事。"

职场的聪明人,都会有自己的职场原则,帮助自己在不同的情况下,把利益最大化。

原则一:快速适应环境,发挥优势,取得自己想得到的

大前研一的《专业主义》书中,对专家有一个要求就是"适应矛盾的能力":"经营中包含着互相矛盾的事物,或者说需要同时解决两方面的问题,这是仅凭逻辑无法认清的。"

不只是在企业经营中,在职场环境中,也有着很多的矛盾,比如"空降的领导对我有一些质疑""去年推动的项目在今年被推翻了""刚进入一家公司需要重新建立信任关系"等等。这些矛盾和"35岁之后如何应对职场变化"的问题一样,需要经历接受、适应和克服的阶段。

只有那些具有强目标导向、能够快速应变、调整自己以便更好地适应环境的人,才能更快地站稳脚跟,发挥自己的价值。那些故步自封、倚老卖老或者不求变化的人,在加速变化的经济和职场环境中,只会很快被淘汰掉。

原则二:每一份工作都是做加法,而不是做减法

一个有着 10 多年经验的人来应聘主管的岗位,很让人诧异,仔细看履历之后发现,他在 10 多年间换了几份工作,每一次换工作都

是跨行业跨岗位，一直没有形成有竞争力的积累。30多岁了，和只有两三年经验的人来竞争同一个岗位。

别说一直换行业和岗位的人，哪怕一直在一个行业深耕，也有可能面临被淘汰的风险，不是因为不努力，只是因为太"老"了，技能和经验与社会的趋势脱节。在职场进步最快的，是那些能够从每一份履历、每一个项目中提取价值，形成合力，添加到工作简历中的人。

经济学中有一个"滚雪球"的理论。巴菲特说："人生就像滚雪球，最重要的是发现很湿的雪和很长的坡。"

如果一直换行业、换岗位，其实是在做减法，最后积累下来的经验和优势很少。如果学会在职场中滚雪球、做加法，这样竞争优势会越积累越大，在一个跑道价值积累的速度越来越快，最终量变形成质变，进入了另外的跑道。

学会做加法，也是突破职场瓶颈的一个方法。

原则三：除了本职工作，主动开拓自己的技能边界

老松很喜欢的一个自媒体作者曹将，本职工作是一名公司员工。业余时间写了《PPT炼成记》，现在在运营自己的公众号，把斜杠技能玩得风生水起。

这几年"斜杠青年""知识变现"的概念越来越兴起。当本职工作的职场升值空间越来越小，去拓展一些其他可变现、可抵抗风险的技能，可以未雨绸缪，多一份职业发展的打算，也可以让自己的技能更加多元化，从而提升职场竞争力。

未来的职场环境，岗位会越来越细分，就会有大量的可作为副业发展的空间。对于职场达人来说，除了本职工作之外，也可以利用已有经验或者兴趣爱好，去发展更多的跨界斜杠技能。

按照现在的退休年龄，工作会陪伴一个人一生大部分的时间，对于职场人来说，要避开一些坑，也要逐步确认自己的原则，才能在职场道路上走得更快、更稳。

高效工作：告别无头苍蝇的状态，让效率翻倍

朋友的团队在年初招了两个毕业生，因为是社群运营的岗位，新人们每天的工作经常被各种琐碎的事情打断，如救火队员一般处理各种临时的需求，经常到了临下班前，才能停下来开始做原本计划内完成的工作。虽然很充实，但经常容易陷入忙乱的状态，如无头苍蝇一般。

每天一到公司就被产品部门和销售部门的同事追着问事情的进展，不断地处理临时需求，忙个不停，但下班后发现其实没干什么，这样的状态，是两个新人入职之初的最真实表现。

从重要紧急程度四象限来说，主要的工作分布在紧急的两个象限：重要且紧急、不重要且紧急。从每天工作的实际情况来看，大部分是不重要且紧急的事情。这类工作，也正是职场中被吐槽最多、存在管理风险且低效的事情。

朋友所在公司的业务处于创业的初期，一直在快速的试错和迭代阶段，势必会走一些弯路。两个新人在经过了初期的"忙茫盲"

之后，也开始尝试不同的应对方法：

新人 Y 踏实一些，习惯把每件新安排的工作都写到纸上，然后在 10 分钟之后，一件件去做，虽然效率没有明显提高，但从来没遗漏过事情。新人 Z 平时更加聪明灵活，习惯立刻去做临时安排的事情，可以立即把结果反馈给其他部门的同事，但有时候难免会遗漏一两件工作任务。

不同的处理方法，有着不同的结果

虽然两个人最初处理事情的方法在结果上差别不大，但在两个月不到的时间，变化就慢慢发生了。

新人 A 逐渐改变自己的习惯，在接收到工作安排之后，会进行分类，优先处理很紧急的事情，对不那么紧急的事情，会和对方商定一个交付时间，延后去做，力求每件事都会有结论。

新人 B 力求快速的响应和反馈，接受的工作越来越多，越来越忙，整个人也越来越暴躁。一段时间下来，提升很慢，而且很多杂事都渐渐堆到了他头上。

朋友之前希望多考察一下两个人，观察了一段时间之后，在事态变得两个人无法处理之前，才插手到两个人的日常工作管理中。

其实两个新人在职场初期都犯了一些错误，最核心的问题是：当不能把时间更合理地投入到有输出的工作上时，价值会越来越低，对个人而言进步会越来越慢。

两个人在很多工作任务安排下来之后产生的问题，不只是刚毕业的新人,对于工作很多年的职场老鸟来说,处理起来也有些棘手。

新人 A 看似踏实不灵活,但走的是一条更加稳健的道路,一旦找到正确的方法就会快速地提高效率。新人 B 则有一些被动,虽然也很负责任,但方向并不对。这时候朋友插手管理,对两个新人来说,也是很合适的时机。

尤其是当我们进入了一个新的工作环境,新公司的业务内容和风格可能千差万别,作为职场人,需要根据实际的状况,不妥协不抱怨,去拥抱变化,灵活调整。此外,也有好的思维和方法可以帮助我们在这种情况下更加高效地适应、执行和输出。

一个思维,一个方法,每天 10 分钟,让你效能翻倍

1. 一个思维:结构化思维

结构化思维,也有人叫作"金字塔思维"。本质上是用更加系统化的思维,对信息进行整理、提炼、发散和创新,并落地到行动中去。

结构化思维其实是让你在接手立刻去做 A 任务之后,去思考背后的 B 任务,以及这个任务可能有哪些具体的或者潜在的可完成目标的项目。

对于成熟的工作内容来说,有着相对健全的结构化工作安排和分工。但对于新的业务模式或者刚进入市场的行业来说,B 任务和具有 ×× 目标的项目肯定需要自己去不断地死磕,从而探索出方向和结果。

如图 14 所示，结构化思维其实是一个好的思维习惯，可以通过自上而下或者自下而上的方式，基于目前的信息进行更加深入地思考，把一堆零散的想法，整理归纳成结构化的内容。

零散的想法　　　　　　　　　结构化的思考

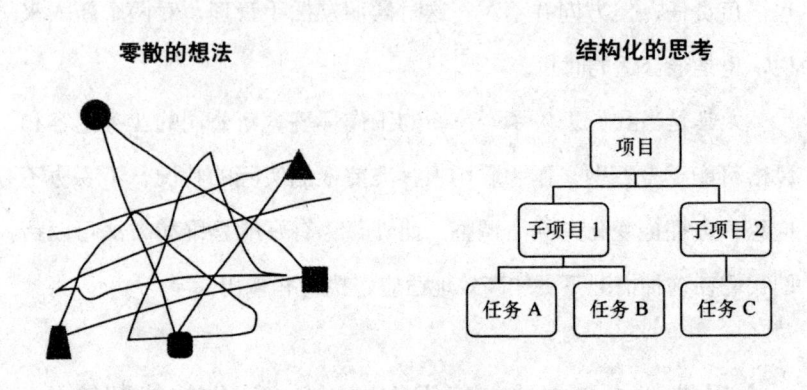

图 14　结构化思维

结构化思考的结果，或者说经过结构化思考后去推进的任务，才是更有价值的输出。回到朋友团队的例子，输出对运营来说，才是体现价值的最有力度的杠杆。

2.一个方法：10 分钟高效任务管理法

在职场中很受欢迎的一种人是做事有条理的人，这种人不但更容易得到领导的赏识，与这种人工作起来也更有效率，更容易产生有价值的结果。但做事有条理并不是天生的，这个习惯虽然有天赋的影响，更多的是他们喜欢在平时有意识地锻炼做事有条理的能力。

比如对于朋友团队的两个新人，在分配任务后的处理习惯上，写在纸上和拿脑子记忆，会带来完全不同的结果。

对于职场新人来说，建立好的工作习惯，往往比做了什么具体事情更重要。朋友根据两个人的特点，介绍了简单但是易操作的 10 分钟高效任务管理法。

每天下班前，两位新人需要花 10 分钟时间进行两个任务：梳理今天重点工作的完成情况，并列出明天要做的最重要的 3 件事。

（1）重点工作完成情况——向上管理

重点工作的完成进度、完成的质量以及结果如何？作为新人的领导，了解重点工作的进展是日常管理工作很重要的一部分。对于新人来说，做好重点工作汇报，是向上管理很重要的内容。

（2）明天最重要的 3 件事——向下管理

注明具体任务是什么，需要达成的结果是什么，需要哪些资源配合。一般来说，管理者在给新人分配任务的时候，会讲明这件事的具体内容、重要程度以及期望的完成时间。但新人的理解未必能够完全准确，而且如果工作任务过多，也会有遗漏的风险。通过再次确认重点工作，是向下管理、提升团队工作执行效率的小技巧。

使用 10 分钟任务管理法一个月之后，两位新人对工作任务的管理能力和理解能力都有了明显的提升，会更加主动地思考工作的重要紧急程度，做事也更加高效。

每天 10 分钟，时间上看似不多，但坚持下去养成真正的工作习惯，也是有挑战的一件事。难度不在于坚持执行这一个任务，而是成为一个做事有条理的职场人。

做事有条理，也是各个阶段的职场人都需要面对的挑战。